卡耐基全集 03

美好的人生

【美】戴尔·卡耐基 / 著

张慧 / 译著

九州出版社
JIUZHOUPRESS

目　录

第四篇 **展望美好生活**

第一篇

放下心灵包袱

每个人都是世界上独一无二的

在北卡罗来纳州艾尔山上居住着一位名为伊笛丝·阿雷德的太太，她给我写了一封信。信中说：

> 我小的时候非常害羞，我略有些胖，但其实也没有那么胖，只是圆脸让我显得胖了些。这一切好像与我的妈妈有些关系，她为人很保守，主张小孩子不能弄得花里胡哨的，她经常挂在嘴边的一句话是"衣服要宽大一点还耐穿，衣服窄小会被撑破"。

> 在母亲的控制下，我几乎没有什么爱好或是晚会活动。直到我入学后还显得非常羞涩，甚至在同学面前有点抬不起头，无论是课余活动还是运动会，我都显得羞涩怯懦，无法展现出魅力。即使在我结婚后，我已经是一个成熟的女人了，但仍被害羞困扰，而我的丈夫和他的几个兄弟姐妹，还有我的公公婆婆都是充满自信的人。他们一家和睦相处，其乐融融，是我生活中的好榜样。

　　我一直渴望自己能像他们那样自信，他们一家人给予了我无微不至的关怀，而我害羞的毛病却丝毫没有改变，反而越来越孤僻。不知为什么内心总是高度紧张，就连门铃的声音也会让我惴惴不安。我现在的生活几乎可用"失败"一词来形容，而我却总在丈夫面前掩饰自己。每一次进入热闹场合，我都会装作兴致勃勃的样子，其实是在自欺欺人。我此时心里比谁都空虚无主，因此我也常常郁郁寡欢，夜不能寐。结果，这样的状态让我越来越提不起精神，不知道以后的生活该怎样度过，有时甚至会产生结束生命的念头。

　　那么，到底怎样才能改变这位患有严重精神抑郁的女士，帮助她摆脱极端的冲动情绪呢？其实，方法很简单，一句简单的话就能解决问题。

　　让我彻底从这种痛苦的生活中解脱的，其实就是我婆婆脱口而出的一句话。那次婆婆和我坐在一起聊天，回忆她抚养我丈夫和其他几个孩子的艰难岁月。然而，生活的艰辛不但没能压垮婆婆，还让她获得了一句金玉良言："生活是艰辛的，可它也让我的孩子们得到了必要的磨砺，让他们在重压之下勿忘本性。"

　　婆婆的这句话让我茅塞顿开，因为我从前不懂得"勿忘本性"，总是强迫自己去效仿别人，而又总是失败，所以才会垂头丧气。我像瞬间变了个人似的，开始了"勿忘本性"，开始了认识自我的探索，努力找寻着自我的真实本色。我总结出自己性格上的特点，依个性搭配色彩、设计着装。

从此，我的生活不再被动，我主动参与社团活动，并敢于在小社团中发言，我从惶惑羞涩中慢慢学会了勇敢大方地展示自我。现在我的表现远远超越了自己的想象，并且，我也开始把自己的人生经验传授给儿女们："尽管人生可能会经受磨难，但我们绝不能屈服于这种磨难，要学会守护自我本性。"这是我对生命意义的感悟，而且是在生活几近绝望的情况下获得的。

詹姆斯·季尔凯博士同样说过，因忘记"守护本性"而导致的心理或精神疾病自古以来屡见不鲜。安吉罗·帕屈曾经撰写过无数篇论文，探讨幼儿教育方面的问题，并出版了13本专著，他曾感慨道："那些不能认清自我、守护本性，却喜欢披上伪装外衣去模仿别人的人，是多么痛苦啊！"

现实中忽视自我而去模仿他人的人太多了，在好莱坞，这种情况更是数不胜数。有一次，好莱坞最著名的导演之一山姆·伍德向我发感慨说："哦，真不知道怎样才能让这些年轻又不乏才艺的演员们去守护好自己的本性！"

确实有一种非常无益的潜意识在毒害着他们，那就是他们将成为克拉克·盖博作为唯一的追求，以致忘记了自我。他们也想不通，即使模仿得再像，也不过是克拉克·盖博的复制品，那又有什么意义呢？"你们完全忽略了人们喜新厌旧的本性！"山姆·伍德一次次不厌其烦地劝导他那些年轻的演员们。

山姆·伍德虽然是位名声显赫的大导演，但也不乏商人的气质，当导演之前他曾是位房地产商。他的理念是，无论商界还是影视界都不能违反这样一条原则：坚守自我，拒绝模仿！只知跟风、迷失自我的人，是永远无法成名的！他在成功地执导了电影《再见，薯条先生》《丧钟为谁而鸣》之后，再一次强调："拒绝模仿，坚守本性是演艺界风险最小的行为。"

保罗·包廷登是一家大型石油公司的人力资源部经理，他曾面试过6万多名求职者，他总结自己的识人经验，写成了《求职绝招》一书。我们曾谈过公司在招聘员工时中最忌讳的问题，保罗·包廷登说："我们最忌讳求职者揣摩主考官的意图来回答问题，而不是真真切切地坦露心迹，我们需要搞清楚的是他们真实的自我，隐藏自我是我们最不愿意看到的。"

出于这个原因，许多很优秀却迷失了自我的求职者被淘汰了，他们辛苦的努力也都没有得到回报。人人憎恶假钞票，那么又有哪一家公司愿意招收一个潜心伪装自己，不愿意以真面目示人，只为了薪水而工作的人呢？

卡西·黛利出身于一个平民家庭，父母都是电车售票员，并没有傲人的家世背景，她根据自己的经历总结出一个人生哲理：

　　我小时候的梦想是长大后当一名歌唱家，可是，我的长相不但算不上出色，而且一说话门牙就会露在外面，很难看。

我生平第一次表演是在新泽西州的一个夜总会上，在那次表演中，为了不让我的牙齿出丑，我尽量用上嘴唇去遮牙齿，试图让自己显得漂亮一些。最终，却弄巧成拙，得到的尽是倒彩之声，好像我是在表演一出滑稽剧。但是，当时的夜总会负责人却认为我这次失败的原因是没有充分展现出演唱天赋，他真诚地对我说："我自始至终仔细地观看了你的表演，我看得出来，你在表演的过程中一直试图掩饰你牙齿上的缺点，于是，你就尽量地隐藏你的牙齿。"

他一语中的，使我觉得很不好意思，而他继续分析道，"你何必如此呢？有时牙齿突出不一定就是缺憾，不必想着它会给你带来什么负面影响，重要的你要在观众面前自信地演唱，大大方方地展示自己，就一定能获得大家的青睐。说不定，你暴露的门牙能成为宝贵的资本，给我们带来巨大的收益呢，哈哈！"他的话带给我很深的感触。从此，我不再刻意去掩饰我暴露的门牙，潜心挖掘自己的演唱天赋，深入开发自身的艺术潜能，尽量地满足观众们的需求。现在，我已成了演艺界的大牌明星，有许多歌唱演员在效仿我开创的潮流呢。

卡西·黛利的故事说明，一个人的潜能是他神秘莫测的资本。威廉·詹姆斯认为，人类只开发出了非常有限的生命潜能。按照他的观点，普通人被发掘的潜能至多有百分之十，而其中被我们充分利用的还要更少。我们每个人都拥有着丰富的潜力资源，为什么不去开发而去羡慕甚至妒忌别人的才干呢？我们每个人都是这个世界上独一无二的，没有人能够取代你。当之无愧的你，从父母那儿各自继承了属于你的 23 对染色体，阿伦·舒思费说，要是有可能，任何一个遗传因子都有可能影响你的一生。

每个人都应该珍视生命，因为你诞生的机会大约是三十万亿分之一，或者说，你是于三十万亿兄弟姐妹中脱颖而出，才幸运地来到这个世界的。不过，即使这三十万亿个细胞中的某个成了你的兄弟姐妹，那么无论你们的形体还是性格也都是完全不同的，这有科学理论作为依据，舒恩费对此有翔实的解说，收录在他所著的《遗传与你》一书里。

如果现在我们所说的守护本性的重要意义，还不足以对你产生影响的话，那我就讲一件我亲身经历的钻心透骨的往事，我想，这个我付出了昂贵学费的事件，定会让你有所触动。

我幸运地进入美国戏剧学院那年，终于离开了密苏里州的乡村，来到梦想中的纽约，当时我自信满满、雄心勃发，幻想着一夜之间就能成为一名最优秀的演员。而且我自以为发现了一条成功的捷径，不禁大喜过望，感叹原来成功如此简单：我不是梦想着成为一名出色的演员吗？只要我把所有优秀演员的优点集于一身，那我不就是一个十全十美的演员了吗？于是，我集中精力去搜集资料观看片子，从早到晚地模仿他们的行为举止。当时，我几乎忘了自己这个独立个体的存在，变成了一个仿制品，一板一眼都是别人，甚至已经不知道还有我自己了。意外的是，我以惨败告终。几年的宝贵时光，原本可以用来学习到更多本事，就因为我那荒唐的行为而白白浪费了。惨痛的经历给我留下的除了教训一无所有，守护自己的本性才能塑造自己，而我们每一个人最后也只能是自己。

有了以上的教训，我本应总结前车之鉴，明智起来，但对成功的渴望又一次让我失去了理智，我又犯了几乎相同的一个错误。这件事发生在几年之后。当时，我特别渴望能写出一本商人们公开演讲类的书。于是，当年想成为名演员时的那股魔鬼般的冲动又蹿出来骚扰我，我又一次自以为是地认为：如果我把所有优秀的演讲之作整理融合，我的书就分量十足，而且集万紫千红于一身呀。

为此我几乎找遍了公开演说的相关书籍，将它们都搜集了起来，日夜研究，用了整整一年的时间来剪辑它们的精华，以完成我所谓的最精华的演讲大全。但是现实是残酷的，我只能又一次无奈地品尝我的愚昧酿成的恶果——一本矫揉造作、虚伪不实的"优点分量十足"的著作。最后不得已将这本只会误导读者的书销毁，至此又一年的心血打了水漂。不过，我是一个永不言弃的人，这一点救了我，我为自己打气，决定从头再来，这一次我一再提醒自己："卡耐基啊，切记！切记！你就是你，你是无可替代的。"于是，我不再拾人牙慧，慢慢找回了被我忽视、丢掉的自己，并力图开发潜能，运用自己的亲身阅历、知识、体验，实实在在地做起来。最后，我终于写出了一本属于自己的，关于公开演说的教材级的书。

　　牛津大学的英国文学教授华特说过一句让我永生难忘的话，他说："我不是莎士比亚，所以我写不出莎士比亚的作品，但我依然感到自豪，因为我写出的书属于我自己。"乔治·盖希文和我一样，听取过欧文·柏林的忠告：守护本性。

　　盖希文初识大名鼎鼎的柏林时，还是一个无人知晓的青年作曲家，收入低微。因为柏林赏识他，所以有心帮助他，决定聘请他做私人助理，酬金是盖希文彼时收入的好几倍。但柏林也另有考虑：如果盖希文只是活在自己的阴影里，他很容易丢失本色，换句话说，即使他将来成功了，也仅仅是一个柏林的复制品而已。如果让他坚守本色并以此发展，将来就可以成为世界上独一无二的盖希文。于是柏林把自己的真实想法告诉了盖希文，同时希望他最好不要到自己这里来工作。

　　柏林这颇有见地的想法被明智的盖希文欣然接受。后来，正如柏林所料，经过努力的盖希文真的进入了同时代美国最杰出的作曲家群体。

　　"守护本性"这一人生真理，被颇具个性又才华横溢的查理·卓别林、鲍伯·霍伯，淳朴的玛丽·玛格丽特·迈克布莱德、吉恩·奥瑞等人所秉持，虽历尽艰难困苦，但都终有所成。

　　刚进入影视行业时，查理·卓别林的导演格外欣赏德国的一位喜剧演员，因此，他向卓别林施加压力，让卓别林一切表演都去模仿这位喜剧演员，但卓别林始终找不到感觉，表演自然也是糟糕透顶。后来，卓别林经过总结，决定还是保持自己的本色，终于有所建树。

第一篇

放下心灵包袱

鲍伯·霍伯是一位著名的歌舞演员，但其独特的幽默天赋一直没有被发挥出来。一次，他突发奇想在舞蹈表演中插入了一些插科打诨，结果得到了在场所有观众的认可，这让他喜出望外。由此可见"认清自我"的价值。

玛丽·玛格丽特·迈克布莱德最初就职于广播电台，她一直以一位爱尔兰的知名播音员为学习标杆，虽然下了很大功夫，却一直没能得到听众的认可。可当她不经意间露出纯朴的乡音时，却大受听众的欢迎。于是她改用密苏里州的乡村方言进行播音，很快赢得了纽约听众的认可，并不断地带给她好运。

吉恩·奥瑞和玛丽·玛格丽特·迈克布莱德有着相似的经历，起初羞于自己土气的乡音，而跟风于纽约都市帅哥的行列，却一无所成。就在他消沉沮丧地拨弄着五弦琴伴奏、用得克萨斯口音演唱的时候，奇迹却发生了，他的乡村民谣得到了纽约人的喜爱，最终，他成为闻名世界的"乡村牛仔"。

你就是这个世界上独一无二的生命体。你应该感到自豪，并充分发挥出属于你的所有潜能。不论怎样，所有的艺术都可以展示你的个性，你要唱出你自己的歌曲，描绘你自己的图画，勾勒你自己的生命线条。你是历史和现在、遗传基因和社会的共同体。

不管怎样，属于你的天地只能由你来创造。生命是一场交响乐，它的序幕已经拉开，你应奏响最适合你的乐器。

爱默生在《依靠自我》一文中指出：

我们的一生是不断学习的一生，嫉贤妒能是非常愚蠢

的行为，模仿他人等同于浪费自己的生命，每个人或早或晚
都会领悟到这一人生真谛。无论如何，你应该始终守护着自
己的本性；广袤无垠的世界或许有你未知的美丽地方，但你
必须为上苍赐给你的园林耕耘不辍，才能收获到硕果累累；
上苍赐予你的一切都是无比珍贵的，没人知道具体该怎样运
用，也永远没人能替代你去领悟使用的技巧，只有你自己亲
身去实践、探索，不断地总结经验，才能获得最后的成功！

下面的诗是已故诗人道格拉斯·马洛斯的心灵感悟：

  如果造物者没有把你安置在那高耸的山巅

  成为一株劲松

  那你就做一棵映照着溪流的小树吧

  让山谷也因你而充满生机

  假如大树的队列没有纳你成为它们的一员

  那就做一丛灌木

  假如灌木也做不成

  哦，那就无争地伏身

  甘为一棵小草

  枯燥的道路因你而勃发生机

  假如你无法选择成为一只优雅的麝香鹿

呵呵，那就化作一条鲈鱼

水中最自由自在的那一条

一位船长很重要

平凡的水手也自有不凡的力量

尘世混杂

先从处理好眼前的事情着手

假如宽广的大路没有你的一席之地

那就快快化作田间阡陌

假如太阳不属意你

那就化为小星一颗

生命的成败不在于浩瀚或微渺

守护本色，尽己所能

才是生命价值的黄金法则

为了营造一个平安恬静、无忧无虑的心灵家园，务须牢记：永远不去刻意地模仿别人，注重自我、守护本性！

解除疲惫和烦躁的四种最优方法

最优工作方法第一条：整理办公桌，将重要文件放在最顺手的地方

"一个习惯于把文件往办公桌上胡乱一扔的人，如果能把鸡窝一样的办公桌整理好，将重要的文件放在最顺手的地方，那么，他就会惊喜地发现自己的工作竟然也能如此条理清晰、有序高效。有序处理文件的能力是提高工作效率的重要保证。"芝加哥西北铁路公司前任总裁罗兰·威廉姆斯这样提醒人们。

诗人赫普也曾经说过："井然有序是世界上最重要的黄金法则！"这句话被刻在了华盛顿美国国会图书馆的天花板上。

"井井有条地工作"应该成为每一个工商界人士最值得遵守的原则。然而，人非圣贤，在现实生活中，人们很难做到这一点。如山的文件堆积在工作人员的桌子上，有的甚至已经好几个月没有处理。更有甚者，新奥尔良某报社社长的助理在整理办公桌时，发现了一份两年前在社长手里"丢失"的文件。

一看到混乱的办公桌，人们难免心生烦躁。如果这时你去整理，就会愈加烦躁。"眼前千头万绪，但我根本就无暇顾及，等着我解决的问题摆满了办公桌"，这些问题时时都在压迫着你的大脑，让你焦躁不安，并时刻会诱发高血压、心脏病、胃溃疡等疾病。

有一篇关于《功能性神经衰弱——常见的机体并发症》的论文，作者是宾夕法尼亚大学研究生院药学部教授约翰·H·斯多克斯博士，它被提交给美国医学会。论文中列举了11种导致人脑功能性神经衰弱的原因，其中第一种就是来自紧张迫切的压力，过多的问题让大脑得不到休息。

但是，这一问题却能用及时收拾办公桌这样简单的办法解决，随之得到缓解的还有沉重的心理压力，这是为什么呢？芝加哥某大公司的一个经理曾患上严重的歇斯底里症，著名的精神病学家威廉·萨德勒就是用这种方法最终治好了他。在刚开始接受治疗时，这个经理情绪非常糟糕，像一只热锅上的蚂蚁。他知道自己已接近歇斯底里，但有些问题又不得不去解决，逼迫他夜以继日地去工作。他迫于无奈才来求助萨德勒医生。医生叙述为他诊治的过程时说：

当我倾听这位经理描述病情时，电话铃声打断了我们的谈话。请他稍等之后，我接起电话与医院的人交谈。我只用了几分钟就把事情谈完了，因为我做事从不耽搁，在问题刚一出现时就立刻解决它。我刚处理完医院的事务，又一个电话打进来。这次用时比较长，因为问题较为复杂。紧接着，一位同事因他的病人病情有所反复，来和我商量治疗的办法。等他走后，我才腾出空闲接着和这位经理谈他的问题。

因为让这位经理等了太久，我先说了句"对不起"，"大夫，没关系的。"这位经理非但没生气反而高兴异常，气色也比刚来时好了很多，他说："我刚到这儿的时候，简直觉得自己患了不治之症，但现在，我感到自己的健康还在。明天我就去公司，一定记得在办公室树立一个良好的工作习惯。但是，在我离开这儿以前，请允许我看看您的办公桌。"

在那次心理治疗之后，我去了这位经理任职的公司。他向我展示了他办公桌的抽屉，并对我说："大夫，过去我用大部分时间来对付数不清的文件，问题似乎总也解决不完。那天看了您的办公桌，我感悟颇深，不能让旧文件影响到我的工作。现在，我的办公室只需要一张桌子，不管发生什么事，我都能应对自如。我比过去的任何时候都更感到轻松，不再情绪紧张、忧心忡忡了。"

在当代，"精神紧张、注意力不能集中是工作者的最大杀手，而高强度的工作并不是置人于死地的直接原因。"这是曾任美国联邦最高法院大法官的查理·伊万·哈格斯得出的结论。

最优工作方法第二条：分清问题主次，有序处理

亨利·杜赫缔造了美国城市服务总公司。他对他的天价薪水是这样解释的：有一种向来不可多得的人才，他们的巨大作用及价值，是不能随意用金钱来衡量的。这种人才有两大本事：一是审慎思考、多谋善断；二是能清楚地判断问题的主次。查理斯·莱克曼在经过 12 年的职场历练之后，在派珀秀登公司获得了 10 万美元年薪的总裁职位。查理斯·莱克曼完全赞同亨利·杜赫所总结的两大本事："年轻时，我就坚持每天早晨 5 点起床。一日之计在于晨，我利用自己最饱满的精神状态和最为活跃的思想，通过审慎思考，分析出当天需要解决问题的主次，从而充分解决问题。"

以上是查理斯·莱克曼所谈他的成功经验。而美国最杰出的保险销售人富兰克·贝特格与莱克曼却完全不同，他是利用每天晚上的时间制订出第二天的工作计划，之所以这样做是因为他在这个时间段的思维最为活跃。如有特殊原因而无法完成计划时，他就把未完成的工作放到下一天的计划里，日积月累，形成了适合自己的工作机制。

我经过长时间的观察，发现很少有人能够依据问题的主次来规划事务。然而，优先解决工作中出现的主要问题，一定优于临时抱佛脚。

乔治·萧伯纳若是不能做到"在任何问题面前都临危不乱"，那么，他根本不可能在文坛获得如此巨大的声誉，他拥有的唯一

头衔可能就只是"银行出纳员"。萧伯纳有 9 年的时间在饥寒交迫中度过，他在这 9 年时间里的全部写作收入共 20 英镑！但他每天仍然严格按照既定目标写作，保质保量地写出 5 页文稿，数十年如一日，终于成就了他的盛名。

罗宾逊·克鲁索的成功方法与萧伯纳类似。他也同样是在工作之前先列出每天的工作计划，甚至对必须完成的任务会精确到每个小时。

第三条工作最佳方法：工作必须要向前推进

豪威尔是美国钢铁公司董事会的一位大股东。我曾做过他的老师，他与我谈过公司董事会的一些轶事。以前，因为会上提出的问题千头万绪，所以他们的会议很长，董事会成员虽然认真讨论，却很少就问题给出结论。这样，长时间的会议之后，股东们还是得带着沉重的资料回家继续分析研究。

豪威尔对这一会议弊病了解颇深，于是提议，以后的会议必须对某个重大问题重点讨论，并要达成初步共识后举手表决，不能总是争论却得不出解决的结果。董事会通过了豪威尔的建议，会议效率由此大大提高。从前厚厚的会议文件不见了，每月的工作计划安排也更具条理，董事会成员也不再承受那些会议压力，更不需要回到家夜以继日地工作了。

豪威尔先生不仅调整了美国钢铁公司董事会的工作方式，也给我们的工作提供了借鉴。其实他的工作方法很简单，就是工作必须要向前推进。

第四条最佳工作方法：完善组织，持续放权，有效监督

经常听到工商界有些精英人士英年早逝的消息，即便没有早逝，也大多刚年过半百就因过度劳累而未老先衰，为什么会出现这样的情况呢？因为他们事无巨细都要亲力亲为，不肯放权给属下。这样一来，他们总是背负公司压力于一身，导致终日身心疲惫，从此与轻松、愉悦无缘。

对这些决定着公司未来的管理精英们来说，不愿授权给下属的原因很复杂，但因为担心授权失误给公司带来损失，甚至导致公司倒闭是主因，毕竟这样的例子不少。然而，即使如此，适当授权却可以减轻他们身上的压力，同时也是管理的必然需要。在授权时应规范公司的组织机构，这样，就可以有效地监督下属，从而形成一整套经营理念，以保证公司的正常经营。

所以，作为公司的高管必须要明白完善组织、适当放权、有效监督的意义所在，不能让层出不穷的问题纠缠着你的身心，以致罹患各种疾病，刚年过50岁便未老先衰。

疲劳感的克服之道

随着科学技术的发展，近几年，科学家们对人脑工作量的秘密进行了探索，想知道大脑在出现疲劳感之前，能持续工作多长时间。

科学家们被研究结果震惊了，结果显示：如果只是进行单一的脑力劳动，目前为止还没有发现脑疲劳现象的出现。科学家检测了正在进行脑力活动的人流经大脑的血液，科研仪器没有探测到任何疲劳因子。但是他们在一个从事体力劳动的人身上采取的血样里，却发现了许多疲劳因子。对此他们又多次反复检测，结果显示：脑力劳动者，比如爱因斯坦，不管他工作多久，从他大脑中提取的血液里都没有发现疲劳因子。

科学家们根据这一检测结果得出结论，大脑的潜在能量是用之不竭的，它在从事 8 到 12 个小时的单一工作之后，灵敏度与刚开始工作时并没有多大的变化。那么，疲劳感是从哪里来的呢？对此心理学家解释说，它产生于人类与生俱来的七情六欲。英国最优秀的心理学家 J.A. 哈得费尔德在《心理的力量》一书中指出："疲劳感来源于人们的情感，它是一种综合现象，通过一系列的复杂心理活动过程而产生，而单一的脑力或体力劳动在一般情况下，是不会导致疲劳感的。"

对此美国的布瑞博士说得更为透彻，他说："一个身体十分健康的脑力工作者，如果在他的体内产生了疲劳因子，肯定是他的心理活动作祟，或者确切地说，来自他的七情六欲。"

那么，脑力工作者的心理活动，或者说是七情六欲，是如何产生疲劳感的呢？是精神亢奋还是恐惧紧张？实际上，兴趣缺乏、愤世嫉俗、情绪抑郁、强烈的自卑感、忧心愁苦、心理压力等，都会导致其机体免疫力下降、工作效率降低，即使回到家里，他们的生活节奏依旧忙乱，神经衰弱伴随始终。这一系列心理活动会迫使其时常处在精神高度紧张的状态，机体长时间得不到放松，进而产生疲劳感甚至更严重的病变。

美国都市人寿保险公司给"疲劳"做了这样的定义，并把它印在了公司的宣传单上："疲劳的三大诱因分别是：忧心忡忡、极度紧张和颓废委靡。疲劳感通常无法用睡眠或普通的休息来消除。通常情况下，工作上的负荷是不会直接对人造成压力的，因此，把疲劳感归罪于体力或脑力劳动本身，是不公正并且缺乏理论依据的。让心理放松，避免愁眉不展、郁郁寡欢，保持乐观的心态，生活仍是美好的！"

现在，请你放下手里的工作，抛开心中的烦恼，对自己进行一次小测验：你是在很郁闷地阅读这段文字吗？你的眼部肌肉放松吗？你的双肩感觉僵硬吗？此时此刻，倘若你的整个机体还没有完全放松下来，根本不像松软的玩具娃娃一样，那么，你的精神状态仍然被紧张和压力包围着，你也仍然是让自己情绪低落的始作俑者。

你也许会不解，为什么我们在运用大脑的时候，机体会产生这样糟糕的疲劳感呢？丹尼尔·宙瑟林是这样解释的："人们在面对无法完成的工作时，会首先在精神上进行全力准备，如果轻视就意味着失败。聚精会神会使一个人眉宇紧锁、表情凝重、神情亢奋。通俗的看法是，精神的高度紧张有利于工作，可实际情况却往往背道而驰、越走越远。"那么，如何才能有效消除这种影响健康的疲劳感呢？方法很简单：越是重大的工作任务越需要放松精神和机体——放松，放松，再放松！

也许又有人会认为，松弛是一件很简单的事情。这是绝对错误的！因为有许多人至死都没能做到以轻松的状态工作，其实放松并从容镇定地工作并不是一件容易的事。然而，正因为不容易，掌握它才具有实际意义。放松心情很可能会开启你的美好生活。威廉·詹姆斯在《轻松的福音》中这样写道："紧张是最要命的一种状态，而最好的状态就是放松。两者的天壤之别就在于：紧张这一状态可以摧垮一个人，而放松能够支撑一个人。"

怎样才能做到心态放松呢？是先松弛内心，还是先松弛神经？二者皆不是，正确的方式是从放松肌肉开始。你先尝试放松一下眼部的肌肉。当你读到这里，请让自己自然地靠在椅背上，双眼微闭，什么都不想，并命令眼睛："现在，开始放松，不要紧锁眉头，不要紧张，一定要放松，放松，再放松……"在一分钟内不断重复这样的话。

而实际上，用不上一分钟，你的眼部肌肉就会在你的指令下慢慢松弛下来，这时你的全身就像被一双温柔的手抚摸着，所有的烦心事、郁闷和压抑统统不见了，简直令人难以置信！在这短短的一分钟之内，你会重新变得精神百倍，精力无限，这短短一分钟聚集了人类在放松上的科学与艺术。接下来，你可以再用15分钟的时间，让你的脸部、颈部、双肩以及你的全身，逐个得到放松。

需要注意的是，放松你的眼部肌肉是最重要的。芝加哥大学的埃得穆德·杰克伯逊教授证实："只要你的眼部肌肉获得放松，那你就能驱逐一切忧愁！"眼睛是我们学习放松最重要的器官，因为，眼部肌肉消耗的能量占人体神经总耗能的四分之一。有许多视力很好的人因不了解放松眼部肌肉的重要性，他们的眼睛始终感到疲劳。

小说家威吉·鲍姆小时候，曾有一位老人教她如何放松身体。有一天，威吉·鲍姆不慎摔了一跤，脚踝肿得很厉害，膝盖也破了，疼痛让她大哭不止。这时，恰好一位老人经过她的跟前并把她抱了起来，给她上了或许是她一生中最难忘的一课。这位老人问她："小姑娘，知道为什么摔跤很疼吗？那是因为你还不知道放松的技巧。我现在就教给你。现在你要把自己的身体想象得十分轻盈柔软，就像那些旧袜子一样，可以柔软地行动、奔跑。"

原来这位老人过去在马戏团做过小丑演员，他教给威吉·鲍姆和她的小伙伴们摔伤时如何把疼痛降到最低的技巧，他甚至还教她们翻跟斗。"把你的身体假想为破旧而皱巴巴的袜子，你就能收放自如了。"老人当初教给她不断放松从而缓解疼痛的声音，至今还回响在威吉·鲍姆的耳边。

任何部位都能帮助你放松，但绝不能让"放松"在你的生活中制造麻烦。放松是一种感性行为，而迫使自己放松却会制造痛苦。放松要从眼部、脸部、颈部延伸到全身的肌肉，并同时假想疲劳感从这些部位向外转移，最后消失。这是女高音歌唱家盖莉·克丝克介绍的放松经验。她在每次演出之前，都会坐在椅子上做一下放松运动，不断让自己浑身上下的神经变得柔软。盖莉·克丝克也因此每次都能够轻松、愉快地登台演出，从而充分展示她的艺术才华，使她的演出一次比一次精彩。

最后给大家介绍四条放松自己的日常经验：

1. 不要把简单的工作复杂化，这是保持轻松自如的第一要旨。让身体的各部分都能得到休息，避免过度的能量支出。时时检查自己是否学会了放松。

2. 工作结束回到家，检查一下自己累不累？如果还存在疲劳感，就该反省、检查自己的工作方式是否有不合理的地方。

3. "我现在有焦躁不安的表现吗？我有必要做一次肌肉放松吗？"每天坚持提醒自己，培养良好的放松习惯。

4. "今天的工作是不是很疲劳？造成这种疲劳的缘由是工作本身，还是工作方式？"当完成一天工作时，你要这样自问反思。

丹尼尔·宙瑟林曾说："每天检验工作成果的标准，是先观察自己是否放松，而非有多疲惫不堪。当结束一天的任务，疲劳感向我袭来，我能够说的是，从工作数量到质量，今天的自己都做得太糟糕了。"

消除厌倦的办法

产生疲倦的真正原因并不是劳累，而是缺乏工作的乐趣，没有工作动力，下面我们举例来阐释这个问题。

一天晚上，我的邻居艾丽丝下班回到家，她看起来疲倦不堪，一进家门就倒在了床上，她全身酸痛、手脚疲软，很快就睡着了。妈妈做的丰盛晚餐丝毫提不起她的胃口。后来，在妈妈一再的劝导下，她才勉强出来吃饭。这时，她男朋友来电话约她去跳舞。"好啊！"她不犹豫地就答应了。她胡乱吃了几口饭菜，就开始梳妆打扮，在镜子前边哼着小曲边欣赏自己身穿那件心爱蓝色晚礼服的模样，浑身是劲，刚下班时的一身倦怠瞬间消失得无影无踪。她一直玩到第二天凌晨3点才面色红润地回到家。回家后还意犹未尽地在卧室里又跳了一会儿舞，直到此时还没显出丝毫疲态。然后她又翻了一会儿杂志，才上床睡觉。

看到此时的艾丽丝，谁能想象到她刚下班时一身疲倦的样子呢？是的，刚下班时的艾丽丝疲倦得快要瘫到床上了，但她真是累得不想吃晚饭吗？不是，这是因为她的工作不如意，她一直对这份工作没有丝毫兴趣。现实中这样的人不少，其中可能也包括你。

人的疲倦、劳累，不能简单归咎于体力不支，其中表现出的兴趣匮乏才是最主要、最直接的根源。几年前，巴迈克博士在《心理学档案》中发表了一个实验报告，报告探讨的就是疲倦与劳累的深层原因。巴迈克博士安排一组学生做运动，而这些运动都是学生们不喜欢的，结果被测试的学生全部表现出情绪烦躁、身体疲倦的状态，有些学生还出现了不同程度的头晕脑涨、腹痛等，而实际的情况真是这样吗？没错，学生们绝没有说谎。从随后进行的新陈代谢的检测结果可以看出，对这些运动毫无兴趣的学生，他们的血压和氧的代谢频率都有快速下降的情况。可是，当他们改做自己感兴趣的运动时，所有的不良反应消失，他们身体的不适也不见了。

我相信几乎所有人都有过这样的体会：如果我们做的是一件自己非常喜欢的事，就会情绪饱满，几乎感觉不到任何倦意，有时，还会表现出让自己都吃惊的耐力。不久前，我去加拿大的落基山度假。我是一个钓鱼发烧友，那几天我每天都过得兴致盎然。我沿着克莱尔溪快乐地找寻鲑鱼，在一人多高的灌木丛中跋涉，需要经常注意脚下错杂交织的枝干，行动艰辛异常，但是，几天的时间我丝毫没有感到劳累，反而感到十分的轻松愉悦。

为什么会这样呢？因为我自始至终都是在兴奋中度过的，充溢着愉悦。我无异于是在进行冒险！我在钓鱼，这真是充满乐趣。但是，如果我不爱冒险，或是不喜欢钓鱼，那在这里的经历，对我来说不就是一种折磨，甚至是不堪回首的吗？

哪怕是登山这样的极限运动，缺乏激情带来的疲劳也远远超过由体能消耗引发的疲劳。金曼先生曾就此为我做了一个绝佳的说明。

在加拿大政府的要求下，加拿大阿尔卑斯俱乐部在1953年7月开始对威尔斯皇家骑兵巡逻警队队员进行登山培训。俱乐部教练员的年龄从42岁到59岁不等，金曼先生也在其中。这次的登山培训是如何安排的呢？他们要先用六周的时间强化训练那群血气方刚的小伙子，之后要穿越冰山雪地，再爬上一处高40英尺的悬崖峭壁。登山时，要求士兵们只可使用绳子、脚蹬、把手，由于脚蹬只能使用在极微小处，所以把手总是晃荡不稳。熬过15个小时之后，这些士兵个个都疲惫不堪，精神更是萎靡涣散。

这么说来，六周的强化训练难道对这群士兵毫无帮助吗？错了！强化训练能够使他们的肌肉更强劲有力、更适应登山运动，造成他们疲惫不堪的不是体能问题，而是在于他们对登山运动的兴趣不大，更没有要征服山顶的冲动，才会虚弱到食欲不振。相比之下，那些远远比他们"老"的教练们，却个个精神抖擞、食欲大增并且还有精力来交流翻山越岭的经验。这是因为教练们酷爱登山运动。

为了探寻产生疲劳的真正原因，爱德华·梭达克教授在哥伦比亚进行了多次试验。他曾使几个年轻人在一星期内极度缺乏睡眠，为了达到这一目的，他不断调整他们的兴趣点，而这一方法在他身上奏效了。通过详细认真地分析研究，最后他写下总结报告："失去兴趣以致感到厌倦，是疲惫不堪的开始……"

事实证明，一名脑力工作者会因处理如山的文件而劳累不已，但他绝不会因此而失去精力。想象一下，你的工作困难重重、问题剪不断理还乱，于是，你产生了十足的挫败感，从公司回到家依然精神不振，甚至手脚发麻头脑发胀。然而第二天，秘书整理了你的办公桌，使它不再杂乱无章，并为你理清了所有的工作程序，你的效率一定会直线上升，并重新找回成就感，在家里也是精神焕发、倦意全无。这样的经历可能人人都有过，而你从中得到了什么启示呢？由此可以看出，繁重的工作本身并非疲惫不堪的根源，忧心忡忡、满怀焦虑、焦躁不安等精神因素才是疲惫不堪的始作俑者。

当我为读者写下这些话时，刚好赶上杰若姆·科恩的音乐喜剧《船展》再次上演。剧中有一句台词很触动我："凡是怀着兴致勃勃、激情澎湃心态工作的人，都可以算是幸运儿。"这是剧中"棉花"号船长安迪的台词，也是我想说的一句话。"幸运儿"为什么幸运？是因为他们心态平和、健康快乐、从来不把忧愁挂在脸上，愤世嫉俗、疲惫不堪和他们无缘。一个精力旺盛的人，必然会是个兴致勃勃的人。譬如，你与情人一起漫步几公里长路也不会感到疲惫，而与不停唠叨的妻子一起，只需要转过两条街，恐怕你就会痛苦不堪了。

既然如此，我们具体应怎样做呢？下面这个速记员的故事可能会对我们有所启发。

俄克拉荷马州某石油公司每个月都会安排几天让员工填表格，对公司输出石油的各项数字和指标做出统计，这项工作非常枯燥、乏味。有一位女士是负责这项工作的速记员之一，她为自己制定了一个别出心裁的目标，使这一枯燥的工作变得有趣起来：第一步，她努力使每天下午填的表格总数超过上午；第二步，再努力使第二天的表格总数超过前一天。

方法虽然简单但是卓有成效，她填充表格的效率超过了所有同事。尽管她的这一方法并未获得领导的赏识，更没有加薪之说，但她因此对这一工作有了兴趣，避免了疲惫，提高了自己的生活质量。

对此，有的读者可能会觉得这是一个虚构的故事。但是，我要告诉你这不但是真的，而且这个叫霞的速记员现如今是我的爱人。此外，同样引人注意的还有另一位名叫蕾的速记员。蕾的全名叫瓦莉·戈尔登，她的家在伊利诺伊州，她曾对自己的工作抱怨不已，后来却发生了根本的改变。她将自己的经历写在给我的信里：

我们办公室里有四个各司一职的速记员，不过，偶尔也会在某些领域交替合作，这样我们的工作就有了交集。

一次，我在一位经理助理的要求下打印一封又臭又长的函件，我说这封信只要修改一下就不需要重复打印了，还可

以避免浪费资源。岂料，这位经理助理大发雷霆，并威胁说
要把我赶走。好心不得好报，这让我很是愤怒，但如今求职
困难，我只好忍气吞声。

我再次打印的时候，宽慰自己：许多人待业在家找不
到工作，而我却工作稳定，看看他们，我理应庆幸才对。现
在如果想象自己爱上了这份工作会是什么样呢？于是，我开
始试图摆脱对工作的厌倦感，并寻找它给我带来的乐趣，我
慢慢有些兴趣了。之后，我发现这一方法能够有效地提高工
作效率，进而让我告别以往经常加班的命运。后来，我成为
公司非常优秀的员工。正所谓天道酬勤，因为我平时任劳任
怨，一位部门经理任命我做他的办公室秘书。这一简单方法
不但让我精力充沛，还让我改变了自己的命运！

戈尔登小姐通过假想自己对所从事工作感兴趣而创造出了一
流的业绩，很好地证明了汉斯·维亨格教授所提建议的有效性："假
定或想象你是快乐健康的。"维亨格教授曾指出：不管你将要从
事什么样的工作，都需要预先想象，那一定是个十分快乐的工作，
而你是完全健康的，这样的话，你就一定能完全发挥出自己的主
观能动性，提高成功概率。

用积极的心态指导你的行动，假想自己热爱这份工作，那么，
接下来你的行为必定会帮助你驱走对工作的厌倦感，甚至会使你
从此爱上所有的工作，疲惫、忧郁、愤懑等情绪统统不见了。

在哈兰·霍华德的少年时代，他家境贫寒，为了生活，他曾

经洗过盘子、做过清洁工。与同龄人无忧的生活相比，他自觉低人一等，于是他开始厌倦自己的生活。而真正的转机缘于他为某中学的食堂推销冰激凌。老实说，这项工作非常枯燥，但他却千方百计地寻找让自己喜欢上这份工作的方法。起初，他钻研冰激凌的用料及制作过程，并提出各种疑问，比如不同的配方是如何导致冰激凌产生不同味道的，再去寻找答案，他对此兴味盎然。

一段时间之后，这些问题已经不能满足他的探索需求，而有关冰激凌的化学成分问题则进入了他的研究领域。他运用自己丰富的知识，在推销冰激凌时吸引了大量学生的兴趣，以至引起了校方的重视，让他担任了高中的化学教师。慢慢地，他越来越热爱食品化工，后来得以进入马萨诸塞州立大学研习食品技术。

毕业后，霍华德一直未找到与其专业相匹配的工作。于是他对自己的未来做了一番规划，做出了一个具有挑战性的决定——建立私人实验室，这从此改变了他的人生。几年后，美国国会出台了一项法案，要求审核牛奶中细菌的百分比。由于霍华德的私人实验室在这一领域的研究走在了前列，因此获得了审核14家牛奶公司的资格。

现在，让我们来做个预判：哈兰·霍华德25年以后会怎样呢？长江后浪推前浪，很有可能霍华德就是未来食品化工行业的龙头老大。反观那些当年在霍华德面前享受冰激凌的孩子们，今天可能还在面临着求职的压力。他们完全有理由埋怨政府的就业计划，甚至抱怨好运为什么远离自己，等等。但他们更应该看到的是，霍华德的成功源于他对工作的强烈追求，富于创新意识，否则，他也不会鹤立鸡群，会与其他人的命运一样，在所谓"无聊"的工作中失魂落魄。

20多岁时的考登波恩是一艘货轮上的公牛饲养员，在此之前他从未想过与浩瀚的大西洋沾上边，但一次骑行让他的生活发生了彻底的改变。他骑着自行车从美国到了巴黎，他在这里举目无亲，身无分文，疲惫不堪，又没钱吃饭，不得已以5美元的价格贱卖了自己的照相机。可他还算明智，并没有用这5美元去吃饭，而是用它在《纽约公告》的巴黎版面上登载了求职启事。好在他还算走运，很快获得了一份推销投影放大器的工作。这种旧式的投影放大器能将两幅近似一致的图片鉴别出来，你还能从中看到这两幅图片在两个透镜的复合作用下所形成的三维立体效果。

这一年考登波恩的佣金收入是5000美元，是那一年所有推销员中所获佣金最高的，令人惊奇的是他并不太会说法语。经他回忆，那年在巴黎的推销经历，大大增加了他的整体素质，在哈佛大学进修一年的效果也不过如此。

后来，考登波恩又成了一名纵论欧洲时事的广播解说员，能对着话筒用流利的法语妙语连珠。这些都得益于他推销投影放大器的经历，那让他亲身接触到法国社会的各个层面。但是作为一个法语门外汉的考登波恩，是如何在巴黎成功进行推销的呢？他告诉我说：

我的诀窍是，每次推销前都会请老板帮我在小纸片上用法语写下有趣的推销词，然后我把它塞进帽子里。当我见到客户时，就会摘下帽子，满脸微笑地把它们拿出来给客户看。接待我的客户一般都是家庭的女主人，她们大多和蔼可亲、为人善良。当然，我会告诉她们我是美国人，我滑稽而又真诚的形象经常把她们逗得开怀大笑，于是，我也就跟着笑，这样就拉近了我们彼此的关系，也就很容易地达成了交易。当然，达成交易远不是如此容易的事情，它需要流许多汗水。

我经常对着镜子鼓励自己说："考登波恩！如果你不想陷入窘境，那么你现在别无他途。你只能干好这份工作，你要让自己喜欢上推销这一行业。并且你要知道，推销与演戏很相似，你在推销之前，必须想象自己正在扮演某个角色，你所面对的每一个顾客都是你的观众。你如果要演好这个角色，就必须斗志昂扬、激情澎湃，你准备好了吗？"我就这样一遍又一遍地自我激励，点燃了我人生的火焰，我对工作的态度从当饲养员时的不满抱怨转变为饱含热情，终于养成了我百折不挠、坚贞不渝的人生信念。

有一天，我和考登波恩一起探讨，应该怎样去激励美国年轻人渴望成功的心理问题，他说："我认为，年轻人应该善于永远鼓励自己。人们都知道，体育活动会让人精力充沛，其实，在每天开始工作之前做一番自我激励，同样会调整精神状态，更加精神饱满地去工作。"

你会认为每天早晨做自我激励，是很天真的吗？其实，促进心理健康的法宝之一，就是每天对自己进行激励。马可·奥勒留在其著作《沉思录》中写道："我们生活的价值是由思想的价值决定的，因为如何生活是由思想支配的。"这句富含哲理的话经历了16、17两个世纪的检验，至今依然价值不减。

如果你每天都不忘激励自己，你的身心就会被很多具有活力的事物充实，使你意志勃发、健康快乐，更加懂得如何去思考并珍惜当下，全身心地投入工作，感悟到生活的美好。同时你还会发现，每一项工作都有其闪光点，这一积极的理念刚好可以治愈无奈、无聊。不要去抱怨老板撷取了你的劳动果实，并且他为获得更多经济利益，还苛责你兢兢业业、任劳任怨地去工作，因为你自己才是从中收获更大的。

人的一生，除去睡眠，工作要占去大半的时间，假如你对工作失去兴趣，你就更难对其他事物产生兴趣了。记住，任何时候都不要丢弃这样的人生准则：

远离烦恼最好的办法就是把你的兴趣投入到你所从事的工作中去，它同时还可能为你带来升职和收益。就算没有这些益处，也能慢慢清除影响你身心健康的疲惫、忧郁、愤懑等问题，进一步使你愉悦快乐地享受生活。请你精力充沛、意气风发地面对工作和人生吧！

保持你的自信和乐观

　　我与密苏里州一个小镇上的哈洛德·艾伯特相识很久了，他曾为我做过整理文档的工作。有一次我们在堪萨斯城不期而遇，我搭他的车回到离开多年的农场。他看起来老当益壮，神采飞扬，而一旁的我则显得老气横秋，暮气沉沉。于是我便向他请教保持快乐的秘诀。他当时讲给了我后半生最重要的感悟。他告诉我：

　　您知道，我从前的生活状态并不好，然而1934年春天发生的一件事拯救了我，它改变了我的人生观。那件事只有10秒钟的时间，它对别人来说根本就不是事，但却让我大彻大悟。我10年的人生经验显得毫无价值，它教会了我如何做一个快乐的人。在那之前我经营着一个小百货店，两年的时间里，我把全部积蓄都投了进去，而商店非但没盈利还欠下不少债。我惨淡经营、勉力支撑，花了7年时间才还清债务，之后，我也不得不将它关闭了。

那个周六让我刻骨铭心。一周过后，我试图去堪萨斯城再找点事干，但我却连路费和买鞋的钱都没有，无奈之下我准备去银行做信用贷款。当我走在去银行的路上，情绪极度低落，心里一片迷茫。这时，一个木制轮椅迎面向我滑行而来，我仔细一看，哇！轮椅上居然坐着一个高位截瘫的人。而这个所谓的轮椅实际上只是一块木板，下面有几个从滑冰鞋上卸下来的轮子。这个没有双腿的人两手各拿着一根木棍滑动轮椅前进。当时他刚穿过马路，准备越过路沿来到人行道上。他把两根木棍集中在一只手上，腾出一只手来挪动木板，调整轮椅的角度，这很不容易。但就在那时，我们俩的目光相遇，我看见他笑得非常开心灿烂，他热情地和我打招呼："先生，早上好！今天天气不错啊！"他十分吃力却精神抖擞地滑行而去。

刹那间我呆住了，与之相比，我是多么幸运啊！这个失去双腿的人不知要比我痛苦多少倍，但他生活得多么充实和快乐，我为什么要生活得如此萎靡呢？我一定也要骄傲地直面人生。我原本只打算去银行借贷100美元，因为我不相信自己有太大的偿还能力，不过现在我改变主意了，我要贷200美元，我对银行说，我坚信自己会在堪萨斯城做出一番事业。最终，我贷了200美元。接着我在堪萨斯城谋到了一份非常不错的工作。从此，我的生活向好的方向发生了逆转。我记录下那一天的事并认真地保存了起来，每当我起床洗漱剃须时，都要面对洗手间的镜子自我激励一番：我曾失去自信，连买鞋的钱都没有，我要感谢那一个周六，那天我在马路上不期而遇一位失去双腿但未失去生活勇气的人。

二战期间，埃迪·瑞根贝克和他的战友们曾迷失在浩瀚无垠的太平洋上。他们坐着一艘救生艇在海上漂流了三周的时间，其间所遭遇的饥饿、恐惧和绝望可想而知。一个偶然的机会，我听到瑞根贝克讲述了这次苦海求生的经历，他说："一想到我们还有淡水可以喝，有可口的饭菜可以享用，就绝不能再有抱怨，抱怨命运辜负了你。这是我面对着一望无垠并令人绝望的大海所得到的启示。"

《时代》杂志登载过一篇报道：一位士兵在瓜达尔卡纳尔岛战役中被弹片击伤咽喉，因流血过多医生前后抢救了他七次，在他每次苏醒时，他都用笔写在纸上，不停地询问医生"我有生命危险吗？""以后我还可以像正常人一样生活吗？"之类的问题。医生一直都努力用最好的结果来安慰他，让他安心养伤。士兵最后追问道："我以后是不是还能和正常人一样说话？"医生继续安慰他说能，这时这位士兵长舒一口气："那他妈的我还有什么好担心的呢？"

如果你认真地自我询问，比如："我究竟为什么总是郁郁寡欢呢？"经过仔细地思考你会得出结论，自己忧郁得一文不值，其实就是在浪费生命。应该相信，生活中大部分事物都是积极健康的，但也不乏阴暗面，可它只占据一些小角落。如果你希望健康快乐地生活和工作，那就尽量用积极的心态去对待人和事，减少自己的消极倾向；如果你甘愿不思进取，颓废堕落，那就继续怨天尤人，对身边可以令你精神振作的人和事熟视无睹吧。

在英国克伦威尔大教堂碑铭上刻着这样一句话："先要学会思考，而后学会感恩。"每个人都有必要在自己的灵魂深处刻下这句话。对所有人的恩赐要心怀感激，不要丢掉一些感动过你，并让你有所感悟的记忆，做到了这些，你的生活才会过得充实快乐。

乔纳森·斯威夫特是英国文学史上悲观主义的代表人物，他坚定地认为，父母把他带到这个世界上是毫无意义的。他经常穿一身冷色调的衣服，甚至会有意地在本该喜庆的生日那天安排斋戒。他平时所表现出的生活态度也极端消极，但他不仅写过脍炙人口的《历险记》一书，还说过精神快乐是健康的保证。他强调："饮食调和、潜心静养与精神快乐，是这个世界上最可信赖的三大名医。"

事实上，这三大名医无时无刻不在替我们进行义务治疗，而且是免费的，尤其是"快乐"这个良医。你只要做一番简单明了的计算，就能知道自己拥有多么巨大的财富了，甚至完全可以认定自己是一个富豪。举例来说，你肯定不愿用你那一双眼睛来换1千万美元。除此之外，你的五脏、你的四肢、你身上的一切都是你的无价之宝。就算把洛克菲勒、福特、摩根这些工商巨子的财产叠加起来与你交换，你也不会同意的。

然而，现实中的绝大多数人并不知道自己所拥有的这些财富，更不知道去珍惜。"多数人往往是穷尽心力地去追问自己还想要什么，却忽略了我们本身所拥有的。"斯科彭豪尔的这句话直指人们庸俗而僵硬的思维要害。这种思维方式在人类社会可谓罪大恶极，一幕幕人间悲剧皆由它而生，与之相比，战争、瘟疫等危害人类正常生活的恶魔简直不值一提。

约翰·帕尔默就曾饰演过这出人间悲剧的主角。他本是一个思想淳朴的青年，但他僵硬的思维方式很快把他变成了一个悲观的厌世者，他的故事是这样的：

我曾在军队服役，退役回到地方之后，我开始自主创业，经营一家小工厂。经过我全力地苦心经营，开始时生意还不错。但是，因为我不善交际，加之资金也不够雄厚，工厂所需要的原材料贵得吓人，于是很快就陷入困顿。工厂破产的危机让我忧心忡忡、暴躁不安、情绪难以控制，接着就开始逃避责任，甚至悲观厌世。后来我才意识到，之前出现的困扰、厌世等消极情绪完全是由于思维陷入了僵化所致，我曾经幸福的家庭很快就被我弄得支离破碎。

尽管我清楚这样下去不行，但我依旧对自己不满。后来是公司的一个员工、一个刚退伍的身残志坚的青年用一席话震醒了我，他说："约翰，现在我都为你的自甘堕落感到羞愧。一点小挫折就让你垂头丧气，仿佛世界上只有你遇到了难题。你也不想一想，就算你的工厂真的倒闭了，但你破罐子破摔、自怨自艾又有什么意义呢？你现在要做的就是回到原点，重新激励自己、从哪里倒下再努力从哪里站起来，只有这样，命运之神才能垂青于你。你身上拥有不少优点，那就是你的资本，从现在起你首先要学会思考，继而学会感恩，绝不能让消极、自怨自艾的情绪成为你生活的主旋律。你看看我，我是一个残疾人，还少了一只胳膊，半边脸被子弹毁了，我羡慕甚至嫉妒你。但我现在却不像你那样自甘堕落，我依旧努力守护自我。约翰，现在你必须打起精神，奋发向上，倘若你再如此自暴自弃，那么，你的工厂、你的前途就真的会被你亲手葬送了，同时毁掉的还有你的健康，得罪你的亲密朋友，失去你的幸福家庭！"

这一番话犹如醍醐灌顶，让我瞬间看清了自己拥有的各种宝贵资源。事实上，我的确要坚决告别自怨自艾、自暴自弃的心态，抛弃狂躁的情绪，努力认识自我、守护本色。几年后，我终于找回了自己的价值。

鲁塞尔·布莱克是我的老朋友，我们是哥伦比亚大学新闻系的同学，都热衷于写小说。与约翰·帕尔默相似，她也险些踏入疯狂之境，将原有的幸福生活破坏殆尽，所幸这一切早在十几年前她居住在亚利桑那州的土孙镇时就结束了。而这一切都源于她把古代圣贤"知足常乐"的教诲扔到了脑后，无法安于现状，一味地追求对于自己来说早已不需要的东西。下面是鲁塞尔的自我反思：

过去有一段时间，我就像一只快速旋转的陀螺整天忙个不停：我热衷于演讲和主持土孙镇的沙龙，涉猎范围包括我家周围的一个大农场，同时我还到亚利桑那州立大学学习器官发声的方法。我也不放过任何教授学生们音乐鉴赏知识的机会；当然，各种形式的晚会派对也少不了我。我紧张的生活当中只有一项比较轻松的爱好——在月光皎洁的夜里遛马。后来我的健康出现了大问题，医生当时的建议是："你必须要安安心心地在床上躺一年！"而让我更加恐惧的是，关于我的身体什么时候可以恢复到原来的状态，医生丝毫不敢断言。

要我在床上休息一年，还要安安心心！这样说来，我岂不是一个随时准备见上帝的人？我被无边的恐惧包围了。上帝怎能这样对待我？开始的时候，我并没有认识到是我的生活方式出现了严重的问题，于是总是大呼小叫，像歇斯底里一般。我起初还很叛逆，不听医生的忠告，但身体情况持续恶化，我只能老老实实地听医生的摆布，在病床上老实地待着。直到有一天画家鲁道夫来看望我，事情才有了转机。

他从我隔壁过来，一见面就开门见山地告诉我："你现在的恐惧可能源于你要卧床静静消耗一年时光。可我认为事情没有这么糟糕，这一年的时间你可以用来自我反思，分析研究自己，充分调动心灵的主观能动性。这样，一年之后你会将自己修养得更加健康、拥有一个更加成熟的心智，要知道，在肉体的痛苦下锤炼出的灵魂，将比平常环境里练就的灵魂更加有灵性、有力量！"

　　鲁道夫的一番提醒让我茅塞顿开，我开始重新认识人生的价值和生命的意义，我经常找一些鼓舞人的典籍来阅读。有一次，我在广播里听到播音员说："语言是心灵的回音，真情让德行感动。"说实在的，这句话已经耳熟能详，但此时听起来它蕴含的意义却超越了我过去多年的领悟。我下定决心，从此以后要对所有让人悲观沮丧的事情视而不见，只让那些阳光、积极的事情陪伴自己，如此一来，我肯定会重新找回健康。从此，每天一觉醒来，我都会回顾现在的生活中最有意义的事情、最有价值的事物。至少我有个天真烂漫、招人喜爱的小女儿、我现在还耳聪目明、每天都有香甜可口的家常便饭可以享用，还有亲密无间的朋友们送来问候和温暖……

　　现在，虽然我经历的事情比以前还要复杂，但我不再过于执着，我未来生命的轨迹更加清晰，它们将与乐观、积极、阳光的心态相伴。那一年安心卧床静养的经历已经过去，但我从中得到的却会伴随我的一生。我以后只会让每天最有意义的事件、最有价值的事物掠过我的眼前，因为这一习惯是我生命得以持续的保证，是我告别死亡边缘的见证和良药。如果我当初任凭恐惧萦绕心间，可能至今还在人生的十字路口上徘徊。每当我想到这些，都会不禁生出一种羞愧之心，因为我曾经拒绝生命的真谛，幸运的是我的心灵得到了救赎！

其实，鲁塞尔能从死亡的边缘重拾健康的根本原因，两个世纪以前的塞缪尔·约翰逊博士就曾研究过。约翰逊博士所拥有的乐观主义品质，是他从自己20年的"水深火热"的生活经历中提炼出来的。约翰逊博士之所以能获得"最著名的作家""最出色的演讲活动家"等殊荣，是他面对艰难困苦，始终不屈不挠、顽强拼搏的结果。"任何事都要看到阳光的一面，这是一种无法用价值来衡量的习惯！要保持这种良好的习惯。"约翰逊博士用自己的切身经历印证了这句至理名言的正确性，这也是他在苦难重重的生活中突破重围，走向美好人生的制胜法宝。

皮尔斯·史密斯也有一句至理名言："想办法获得你喜欢的，并在拥有后享受它。人生要有对真、善、美的追求，因此也需要这两大目标的支持。但令人遗憾的是，大部分人却不能和第二目标结缘——他们不能安居乐业，享受生活。"

人们只知道享受美味佳肴，却忘记了它们是如何产生的，因此他们把进厨房当成一种惩罚，因此无法享受快乐的生活。但是，近乎全盲的鲍吉尔德·戴尔反而能快乐地享受生活。她的《我要去看》一书既展示了她非凡的勇气，也深深地陶冶了人们的心灵，使你在阅读中明白，健康快乐地享受生活也包括下厨房、刷盘子。作者在书里这样写道：

我渴望有两只明亮的眼睛，但那已是奢望。我仅有的一只满是伤疤的左眼也仅仅能露开一点细缝，这让我看起来丑陋滑稽。观望世界我都得费尽全力，看书则需要我把整个脸都紧贴书面像蚂蚁一样爬行，尤其还要把眼珠用力靠左，否则爬行也是白搭。

视觉的困难并没有击垮坚强的鲍吉尔德·戴尔，她也没有让自己被正常人边缘化。小时候她就始终坚持和其他小朋友一起玩游戏，但每次玩"跳房子"的游戏，对她就是个大考验。但为了也能参与其中，游戏结束之后，她就一个人趴在地上记忆地上的粉笔线，把它们收入到那只还能辨别方位的眼睛里。

第二天，她在"跳房子"游戏里表现得非常出色。她不仅在玩耍时能跟上同伴的脚步，而且学习上也不比健康的孩子们差。学校对她使用的课本进行了特殊化处理，字号是正常教科书字号的一倍半，但这对她的视力来说仍然是一种考验。但鲍吉尔德·戴尔始终没有被困难打倒，她取得了明尼苏达州立大学与哥伦比亚大学的双料硕士学位。她的故事证明，世上无难事，只要肯登攀！

毕业后的鲍吉尔德·戴尔半工半读，在明尼苏达州一个村庄学校执教。不久，南达科他州的奥古斯都大学向她发来了邀请函，聘请她前去担任新闻文学系的教授。在奥古斯都大学工作的 13 年时间里，她不断应邀去妇女俱乐部发表演说，广播电台也经常前来对她进行采访。她在《我要去看》一书中继续写道：

尽管如此，我的内心还时常被一种畏惧煎熬，那就是对彻底失明的畏惧。所以，我数十年如一日地奋发向上，让乐观战胜我内心的惨淡，我要始终扼住这恐惧的咽喉。我的努力或许感动了上帝，在1943年，我52岁那年时，我来到闻名天下的梅·奥诊所，那简直可以用"生命的奇迹"来形容，他们为我做了一个手术，让我的眼前出现了一个新世界！手术让我的视力整整提高了40倍。

下厨房、刷盘子如今成了我生活中的一大乐趣，特别是在洗盘子时洗洁精产生的气泡，简直柔软到了心里。我时常对着阳光玩弄这些气泡，它们就像一团团五彩缤纷的彩虹。有时我也会搁下厨房的事，把目光投向窗外的世界。特别是在冬季大雪纷飞时，大地一片苍茫，我看到勇敢的小麻雀，拍动着它们灰白与乌黑相间的羽翼，顽强地迎风而上的景象——好一幅美丽的图画啊！

请注意，亲爱的朋友们！鲍吉尔德·戴尔能把在厨房刷盘子当作生活的一部分，她能在洗盘子中发现美丽，看到洗洁精的气泡折射出的彩虹，看到小麻雀不惧风雪不畏严寒的英姿，这是一种生活享受，也是一种感恩之心。请大家让自己的心也随着生活跳动起来吧！相比鲍吉尔德·戴尔的过去，我们是幸运的，然而却有人连盲人都不及，他们终日忧心忡忡，愁眉苦脸，时时都被颓废、郁闷压抑着！他们此时需要的已不是无地自容，而是要深深地感到羞耻！

从这一刻开始，请从你的生活里彻底清除所有悲观消极的情绪，对生活赋予我们的一切都心怀感激，让美丽生活得以持续。

我希望用以下文字与朋友们共勉：

　　善于思考，学会感恩，远离自怨自艾的情绪。即使你经

受过1000次挫折，你也要送出1001个祝福。你的生命必将因

此而闪耀！

对别人的批评要保持理智

你可能也听说过"锥子眼""老地狱恶魔"这些恶名，它们都是指史密德里·巴特勒少将。得到这些恶名是缘于他曾很爱摆架子。实际上，比起其他的美国海军陆战队领军人物，他的军旅生涯最为夺目。他对前去拜访的我说：

年轻时，我最大的追求就是想要拥有超凡的人格魅力、动人的风采，因为只有那样才能够迷住大家。当时，我对自己的要求近乎吹毛求疵，听不进一点批评意见。不过后来，海军陆战队的生活改变了我，30年的军旅生涯把我百炼成钢。"骂人专家"们变着法地指责和谩骂我，他们把英语里所有的龌龊词语——诸如黄狗、毒蛇、臭鼬等都当作羞辱我的利器，当然，这些词语很难出现在书里。我最大的收获就是能做到面对这些声音却充耳不闻，我不再像年轻时那样苛求完美，点火就着了。哈哈！我再也不会像从前那样又天真又愚蠢了。

30 年的戎马生涯打造了一个"锥子眼"巴特勒将军，他早已对别人的抨击不以为然，他的这种任凭风吹浪打，我自岿然不动的处世态度，很值得我们认真学习。然而，也有许多人小题大做地对待闲言碎语，把小问题搞得很严重。我自己就有过这样的经历，若干年前我正在一次成人教育示范课上讲得兴致勃勃，不料，一位记者突然站起来批评我，指出我讲课的缺点，其中也夹杂一些对我个人名誉的攻击。

对此我怒火中烧，把这本属正常的批评看得大过了天，决心一定要找回这个面子。于是，我联系那位记者供职的纽约《太阳报》报社执行委员会主席吉尔·多契斯，要求处罚这名记者，并让其公开刊登道歉声明，以维护我的名誉。现在回想起自己这一做法却是很失风度又愚蠢的，因为那样做的效果微乎其微，因为，可以肯定，买那一期《太阳报》的人有一半不会去读那篇公开道歉文章；即使看了道歉文章的读者，其中一半根本不会对其产生深刻关注；剩下对那篇文章有兴趣的人中还会有一半的人在一两月后，就把此事忘得干干净净。

很少有人热衷于关注别人的事，当然也很少有人关注对你我个人的批评，这是我在以后的实践中发现的。其实绝大部分人真心实意关心的只有自己。就拿令他们头痛的问题来说吧，那些问题与陌生人的生命相比肯定是小事，但他们对这些问题的关注肯定会超过对陌生人生命的关注。

即使我们是人们眼中的焦点人物，在各种场合被诽谤或谩骂，就算是被亲朋好友羞辱或嘲笑，那又是什么了不起的事呢？

你就是万能的救世主耶稣，也同样躲不过被最亲近的人出卖的命运——其中一个叛徒得到的赏金只相当于19美元而已；而另一个在耶稣被钉十字架后，也开始不服从他的教导。对这些，耶稣都只是默默承受，我们这些平凡为什么不能坦然面对呢？

虽然我无法阻止别人的诽谤和谩骂，但我完全可以通过自身的努力，改变这一被动局面。我能够正确认识并合理处理这些批评，使自己摆脱尴尬的处境和不被认同的状态。我的意志坚强如钢铁，我要始终如一地向着自己确定的目标前进，不屑于他人的诽谤和嘲笑，主宰我自己的命运！

尽管如此，我还要表明，我不赞成对所有批评一概忽视，忠言逆耳利于行，对于善意的批评和建言我们应当虚怀若谷、善于接纳。需要充耳不闻，或是听了就把它当作废话一样丢弃的，则是那些目的不纯且用心险恶的言论，我们应置之不理以避免受其不良影响。

如何对待不公正的批评，对那些无端的指责要持什么样的态度？就此问题我专门询问过埃利诺·罗斯福，在她的身边拥有无数亲密的朋友，但躲在她背后放暗箭的政敌则更多。在所有的美国第一夫人中，还没有谁承受过的无谓指责和抨击像她一样多。埃利诺·罗斯福对我们说：

我本是一个腼腆的少女，也曾把他人的评价看得十分重要，更别提他人对我的抨击和指责了。为摆脱这种困扰，我求教我的姑妈（老罗斯福总统的姐姐），我问："费姑妈，我想达成心中的目标，但我又受不了过程中他人的轻视和那些侮辱性的批评，我该怎么办呢？"

费姑妈和颜悦色地对我说："我亲爱的埃利诺，你的身份决定了总会有人对你品头论足，没必要把它放在心上，让他们说去吧。如果你看准这种选择是正确且非常有意义的，那么，你就要抛开这些干扰，坚定地走自己的路！"

费姑妈的话，解开了系在我心中的疙瘩，指导着我的为人处世。即使是在白宫做第一夫人的那些岁月里，这一箴言也始终鼓舞着我，成了我应对各种指责的法宝，让我勇敢处世、毫不动摇地走自己认定的路。可以说，尽管你付出了全部努力，但要得到所有人的认可也是不现实的，而且一定会伴有某些非议甚至是不公正的批评。因此，一旦你坚信某件事非常有意义，就义无反顾地去做，这是处理所有不公正批评的不二法门。

我曾聆听过美国国际公司前任总裁马修·布拉特的教诲。他说：

是的，来自他人的指责曾经对我的影响非常大。刚接手公司的时候，我非常想在公司里快速地为自己树立起有能力、有德行的领导形象，因此特别重视公司员工的批评意见。当时，公司有任何一名员工流露出对我的不信服，都会极大挫伤我的积极性。不管听到来自任何人的任何批评，我都会尽量去改正。但实际上往往事与愿违，这一漏洞被堵住了，会有更多的漏洞露出来；照顾了这个员工的意见，可能又会忽视另一个员工的意见，结果总是有的满意有的不满意。我最终得出一个结论，越在意他人的评论，就越会让自己行动困难，最终还会使无稽之谈到处流传。由此，我坚信只有遵从自己的行事准则行事才是唯一正确的方式，我认为不遭人嫉妒的是庸才。

要想成功除了为人要坦然、乐观外，还必须勇于面对一切无稽之谈！打那以后，我不再奢求得到所有人的认可了，在努力完美地完成工作任务的同时，我敞开胸怀，坦然面对一切反对的声音，这就是我的经验之谈。

值得我们敬佩的还有著名主持人泰勒先生。在一个周末午后的音乐广播栏目中，由泰勒负责的纽约爱乐乐团正在演奏。一位女士写了一封咒骂泰勒的信送到了电台。信中充满了骗子、叛徒、毒蛇、笨蛋等侮辱性词语，那么，对这一事件泰勒当时是如何处理的呢？泰勒先生在其回忆录《人与音乐》一书中写道：

我当时并没有把这位女士写的辱骂我的信当作多大的事，而且我相信，她信里这些侮辱性的词语可能就连她自己也不会记得。在第二个周末午后的音乐广播节目中，我若无其事地播报了这封信。不料这位女士还不肯罢休，接着她又写了第二封信送到电台，信中同样充斥"骗子、叛徒、毒

蛇、笨蛋"等不雅词语。但我仍然没有表现出不满，也没有
产生任何报复这位女士的念头。

面对如此过分的侮辱，泰勒先生依然不失沉着冷静，尤其是
他表现出的平和且大度的姿态，确实值得我们敬佩。除此之外，
查尔斯·史考伯还提到一位影响他一生的德国老人，以下这段话
是他在普林斯顿大学演讲时的部分内容：

在我开设的钢铁厂里有一位德国老人。一天，他全身沾
满了泥浆，来到我的办公室。我问他为什么会这样，他说，
由于二战，其他国家的工人都十分憎恨他的国家，于是，那
些工人把他扔进了浑浊的河里。
接着我不无关切地问他："那么，对于那些人的做法，
你做何反应呢？"
"我嘛，一笑了之！"这位德国老人如此回答。

史考伯先生对大学生们说，我这一生中感触最深的，同时也
是我人生的座右铭，就是那位德国老人在受到不公正对待后所说
的那一句"一笑了之"。一笑了之，能够很好地面对不公正的待
遇和那些充满敌意的行为。对他人所做的无理侮辱、诽谤，你当
然有权利进行回击，不过，这样做的后果往往是引来更多变本加
厉的指责。而只有在这些恶意面前保持善意，才会让你在以后的
生活中更好地与人和平共处。

　　如果我奢求阻止他人对我的全部无端指责，那么我肯定就不能胜任美利坚合众国的总统，我可能只适合去做一名修路工人。我清楚怎样才能把自己的工作做得更有价值和效果，并一直为此努力。假使我最终得以实现内心的宏伟蓝图，那么我对于那些无关紧要的小事的处理方法就是得当的！

　　以上是亚伯拉罕·林肯说的话，可以算是伟大人物如何应对批评的经典名言。正如林肯所说，如果他对来自不同方面的种种不公正批评做不到充耳不闻的话，那么，他就没有精力有效地领导南北战争并取得胜利。二战时期，这段话被麦克阿瑟将军完整地记录下来，工工整整地贴在他身后的墙上，直至战争结束。英国首相丘吉尔也对这段话加以设计，把它镶嵌在镜框里，像《圣经》一样供奉在书房墙上，伴随他经历了一次次的政坛风云。

　　总而言之，不论你对那些敌对行动持怎样的态度，你都有必要牢记下面这段话，让它成为你的行为指南甚至是人生座右铭：

　　　　不必在意他人在你背后的指指点点，也不必对无端的抨击过于上心。不公正的批评原本就站不住脚，它终将被消除。当然，与此同时也要严格对待自己的错误。只有这样，无端的攻击才会永远远离你。

第二篇

与人和睦相处

找到快乐的源泉

先给大家讲一个故事：

　　我叫波顿，9岁时就被妈妈扔下不管了，12岁时爸爸也离我而去。

　　有一天，妈妈离家后，就再也没有回来，她带走了我的两个妹妹。7年后，我才收到妈妈的信。爸爸在她出走后的第三年，在一次意外事故中去世。

　　父亲与别人合伙在密苏里州的一个小镇上开了一家咖啡厅。一次，他的合伙人趁父亲出门，卖掉了咖啡厅带着钱潜逃了。父亲接到朋友电报得知这个消息后，在返家途中遭遇车祸而不幸身亡。两位姑妈收养了我的三妹，剩下我和小弟无依无靠，幸而有位好心人收留了我们。但是我们很怕他们把我们当孤儿看待。我先寄住在一个穷人家，这家主人由于失业，也生活得异常艰难，他无法再多抚养一个孩子。幸运的是，居住在离镇11英里的农场里的洛夫廷夫妇收养了我。

洛夫廷先生已70岁高龄，一直因病卧床。他为我制定了三条规矩：一、不许说谎；二、不许偷窃；三、必须听话，并强调说，我只有不违反这三条，才可以在他们家居住。我答应了，并一直把这三条戒律刻在心里，作为我的日常行为规范。我一直做得很好。我被送进学校读书，但是第一个礼拜就发生了很不愉快的事，有几个同学笑话我的鼻子大，还说我是小笨猪，骂我是没爹没妈的野人。我心中愤怒不已，很想和他们干一架。此时洛夫廷先生劝我说："一个合格的男子汉是不会轻易与人打架的。"因此，以后每遇到这样的情况，我都试图避免和他们纠缠。终于有一天，一个男同学把一坨鸡屎扔到了我身上，这让我忍无可忍，冲上去狠狠打了他。很多男同学们都在一旁观看，都认为那个男同学该揍，这样，我和他们就成了朋友。

有一天，洛夫廷夫人给了我一顶我十分喜爱的新帽子。但是，一个比我大一些的女生把帽子从我头上摘下来，然后用它灌水，还弄坏了帽子，并且她还得意地说，要用这顶帽子装满水再浇在我的榆木脑袋上，好帮我开窍。我在学校忍住了委屈，回家后才放声大哭。

一天，洛夫廷夫人将我叫到跟前，为我讲了一个化敌为友的办法。她告诉说："波顿，要是你能尝试着帮他们做一些事情，就会增进你们之间的友谊，那样欺负你的事就不会再发生了。"于是，我将她的忠告牢记下来，并开始认真实施。当我变成全班成绩最优秀的孩子时，并没有招来妒忌，因为我已和同学们打成了一片。

我教一些男生写作文，其中一个同学因不想让别人知道，就对他母亲谎称要去抓小虫，结果，却来到洛夫廷夫人家里，让我指导他学习。我还曾帮一位同学写读后感，帮一名女同学补习几何算术，这用去了我好几个晚上的时间。

那期间村里有两位老人去世了，还有一位太太被丈夫抛弃了，在这几个家庭里，只有我是唯一的男子汉。几年来，这几位可怜的女人一直受我照顾。一放学，我就来帮她们做事，为她们劈柴、挤牛奶、喂鸡鸭牛羊。现在，我周围的人都不再对我抱有敌意，反而都夸奖我，我成了他们的好朋友。当我从海军退役回来后，他们真挚而热情地迎接我。我刚回家的那天，家里挤满了前来看望我的邻居，有200多位，甚至还有人从80英里外驾车来看我，他们表现的是真挚的友情和关切。13年来，再也没有人取笑我，对我说难听的话了。我现在的生活非常的快乐。

弗兰克·卢普博士瘫痪在床23年，他也有同样的感悟。在西雅图《星报》供职的斯图尔特·怀特斯告诉我：他采访过卢普博士多次，他是他认识的人中最无私、最懂得享受生活的。

长年卧在床上的病人是怎样享受生活的呢？他用威尔斯王子的名言"我为大家服务"激励自己，收集了许多瘫痪病人的姓名和地址，然后，给他们寄去问候信，并倡导大家相互写信鼓励，战胜疾病。后来他还发起组建了一个病友俱乐部，该俱乐部最后发展成一个覆盖全美的组织。

躺在病床上的他，不断地给数以百计的病友送去欢乐，平均每天要发出 4 封信。

最让人尊敬的是，他的品质崇高，怀有深深的责任感。他说："奉献是一种最伟大的精神，赠给人纯真的乐趣。"萧伯纳说："一个以自我为中心的人，是得不到来自他人的快乐的，最后必然陷落自暴自弃之中。"

著名心理学家阿德勒时常告诉忧郁症患者："你尝试去一直想着一个人，并设法让他开心。如果你保证坚持这样做，我敢担保两个星期内，你就能赶走忧郁症。"

这句话听起来有些令人难以置信，我在他所著的《生活的意义》一书中摘录一些段落，供大家领会：

忧郁症是一种情绪，主要表现是持续不断地怨恨他人，以博取别人的同情、关爱与认可。比如，可以这样形容忧郁症病人的心态；"哥哥坐在沙发上，但我很想躺在那上面，可是他不起来，我就一直不停地哭，直到他不得不让给我。"

严重的忧郁症患者很容易选择轻生，因此，医治他们的医生最先要做的就是断绝他们所有自杀的念头。我治疗的手段是：首先，缓和紧张的气氛，等患者们放松下来之后，我会对他们说："你千万别去做任何你不愿意做的事情。"

这听起来等于没说，但我坚信这句话正是一剂良药。如果病人能够心想事成，那他们就不会患有什么忧郁症了。我告诉他们："如果你想去享受一场电影或休假，那就去吧。如果走到一半你又有了新的想法，那就按新想法办。"这样，就会不经意地满足他的优越感，让他有了上帝一样无拘无束的感觉。但是，其实他的原意并不完全是这样。他原本是想埋怨、控制他人，如果别人在任何事上都让着他，他反而失去借口了。

病人时常这样表达："可是，我对任何事情都不感兴趣。"我事先知道该如何应对他们，我听过这句话无数次了，我会说："不管你喜不喜欢，你都可以不做了。"有时候也会有人答道："我想日日夜夜躺在床上。"但我是了解他们的，要是我答应了，他们反而不会那样做。假如我要说出半个不字，一定会激起轩然大波。因此，我总是毫不犹豫地点头。

这是一种行之有效的与他们交流的途径，还有另一种更能直接保护他们的方法，就是对他们说："你每天要想办法让别人愉快，只要照着我说的去做，保证你在半个月内康复。"看他们会如何反应。其实他们此刻的脑子早已被自我占满，他们会想："我为什么要关心别人呢？"但也有这样回答的："这是我的习惯，我一直在设法帮助别人。"其实，他们根本什么都没做。我请他们在这件事情上多加考虑，而他们转身就会将其丢在脑后。

我对他们说："合适的时候，建议你认真想一个你愿意给他带来快乐的人，这对你的健康很有帮助。"第二天，我问他们："昨天晚上你是否认真考虑过我对你说过的话呀？"他们会告诉我："昨天夜里我一躺下就睡着了。"在一种平等、和谐的氛围下，这一切就慢慢发生了，不能把麻烦抛给他们。

有人会说："我已经烦透了，这太难做到了！"我则告诉他们："让烦恼继续吧，你只要抽空去考虑一下别人。"我之所以这样做，是希望借别人调整一下他们的兴趣点。他们也会问："为什么我要去服务别人？别人为什么不来给我服务呢？"

我会解释："这样做，健康才会光顾你，能得到比被服务更好的效果。"我治疗的患者中几乎没有人对我说："我遵照你的建议去做了。"我只能慢慢培养他们对别人的关注。我清楚他们需要与人沟通，我尽量提醒他们意识到这些，如果有一天，他们能有意识地将别人摆在对等的位置，就不再需要我的治疗了。

"十诫"中最难做到的一诫是"爱你的邻人"，人如果把自我摆在中心，不只是让自己孤独，也会给周围的人带来伤害。人类的失败多数与此有关。我们对他人的要求和给予他人最衷心的赞美是：他是一个好朋友、好同事、好恋人和好父母。

阿德勒博士要求我们，每天做一件善事。这些善事指的是什么呢？善事是能给他人带来帮助、快乐、幸福的所有举动。先知穆罕默德说：为什么每天行一次善，能够很好地陶冶我们的心灵呢？因为如果我们尽想着让他人愉悦，就没有自暴自弃、忧虑、恐惧的机会了。

在纽约，威廉·蒙恩夫人开办了一所学校，校名为蒙恩秘书。在不到半个月的时间里，她就克服了忧郁，其实，当她面前出现一对孤儿时，她立刻就找回了自我。蒙恩夫人有着很曲折的故事：

5年前的冬天，曾与我患难与共的丈夫永远地离开了我，这对我的打击十分巨大。随着圣诞节的临近，我的哀愁越来越浓重。在过去的圣诞节里，我从来没有一个人过过，所以，那年圣诞节的来临让我害怕和伤心。理解我的朋友们邀请我共度节日，我不敢答应。我很清楚，在任何幸福的家庭中，我都会因回忆而伤心不已。是的，尽管我还不是一无所有，但我已经淹没在伤心的海洋却是事实。

圣诞夜那天的下午，我一个人离开公司，在街道上漫无目的地转悠，希望能因此减轻一点孤单与忧虑。看着街上幸福欢乐的人们，我又不禁悲从中来，不敢独身回到空空如也的公寓。我漫无目的地乱逛，不知道要去哪里，泪水早已充满了眼眶。一个多小时之后，我发现自己走到了一个公交车站，这又让我回忆起我和丈夫坐公共汽车进行长途旅行的往事。我不知不觉地上了到站的一辆公交车。

　　车过哈德逊河后片刻，乘务员提醒我说："终点站到了，女士。"下了车后，我也不知道身处何处，不过，那里却十分静谧祥和。在返程车还没到的时候，我趁着这个时间去逛了逛住宅区。当我经过一座教堂时，《平安夜》优美的乐曲从里面飘出来。我随即走进教堂，一位风琴手正全神贯注地演奏。我坐在教友席上，望着五彩缤纷的圣诞树，音乐让我如醉如痴。因为我一天未吃东西，又饿又倦，便睡着了。

　　当我醒来时，我竟想不起自己在哪里。这时，我看到两个来看圣诞树的小孩。其中一个小女孩稚声稚气地问同伴："她是随着圣诞老人一道来的吧？"看到我醒来，他们吃了一惊。我对他们说："孩子，别怕，我不是坏人。"

　　我看到他们衣衫褴褛，便问他们："你们的爸爸妈妈呢？""我们是孤儿。"他们回答道。听到这里，我突然觉得自己非常惭愧，我的境况比这两个孩子好多了。我带他们参观圣诞树，然后领他们到商店买些糖果、食品，还给他们买了圣诞小礼物。这时我发觉一直跟随着我的悲伤和孤独顿时无影无踪了。

　　这两个孤儿让我近半年来第一次真正感受到关怀的力量。通过与他们交谈，我感觉自己是幸运的。我发自内心地感谢上帝，小时候我拥有很多快乐的圣诞节，父母的疼爱与呵护一直不离身边。应该说我今天从这两个孤儿身上得到的远比我给予他们的要多。

这次经历让我感悟到一个真理，只有首先让别人快乐，才能使自己快乐。我还意识到，快乐是可以传染的。从那天起，我开始帮助、感激、关爱他人，这些举动帮我克服了忧虑和悲伤，让我回到了从前，这种变化一直让我倍感珍贵。

毫不夸张地说，我可以很轻松地写出一本帮助他人、让自己重回健康快乐的书，因为这种故事实在太多了。现在，还是先来听听玛格丽特·泰勒·叶芝怎么说吧，她是最受美国海军青睐的女作家。

虽然叶芝女士是一位作家，但她写的小说却不如发生在她身上的故事更引人入胜。在日军偷袭珍珠港的当天清晨，她的故事开始了。由于患上了心脏病，她一年多来一直卧病在床。每天，她最多只能下床活动两个小时，从房间到花园晒太阳是她这一年多来走过最长的路。而且，这段路要靠着女佣的搀扶走。她讲述道：

我一直认为自己以后的时光就要在床上度过了。如果不是日军袭击珍珠港，我就真的再也回不到过去的生活了。

遭遇轰炸时，鸡飞狗跳。离我家不远处正好落下一枚炸弹，我被震下了床。军队让汽车去接军人的家属到学校避难。红十字会的人让我帮忙联络，因为他们知道我家里有电话，于是，我即刻记录那些陆海军人家人的住址，而那些军人会在红十字会的安排下打电话给我，一边相互了解彼此的现状。很快，我得知我丈夫安然无恙。于是，我尽全力鼓励那些暂不知道丈夫情况的女士们，同时做好那些失去了丈夫的女人们的工作。在这次遭受的袭击中阵亡的官兵共计2117人，还有960人下落不明。

起初，我接听电话还得躺在床上，但不知什么时候我却能坐起来接听了。之后，因为一心忙于工作，我竟然不知道我自己还是一个病人呢。我离开床铺坐到桌边，为那些遭遇了比我更多厄运的人们提供帮助，我竟然可以摆脱床铺了。而且，我每天只休息8个小时。

过后我想，要不是日军偷袭珍珠港，我的下半生可能真的要耗在床上了。那时，貌似舒适地赖在床上的我，心里还寄托着回归原来生活的希望。而现在我明白，那个时候我其实已经完全没有了恢复的信念与希望。

是日军偷袭珍珠港的大惨案，改变了我的一生，这对我来说甚至是一件幸运的事。通过这次灾难，我那原本不曾为自己知晓的力量被挖掘了出来，它让我把心思从只关心自己转变成兼顾他人。同时它也给了我信心，让我勇敢地面对生活，不再耗费太多时间去关注或忧虑自己的疾病。

如果患有心理问题的病人都能像叶芝夫人一样，多帮助和关心他人，那么至少会有百分之三十的人重获健康。这可不是我的主观臆断。举个例子，著名心理学家荣格说："来我这里寻求帮助的患者中，从医学的角度找不出一点病理的人就占三分之一，所谓的病症就是他们不明白为什么去生活。他们只关注自己，是严重的以自我为中心的人。"换句话说，他们的一生只为自己而活，孤独和无聊裹挟着他们，他们没有可以诉说的人，只好去心理医生那里倾诉。当他们没有赶上渡轮，就把怨气撒向码头上的其他人。他们一向自私自利，却要求得到全世界的关爱。

对此你可能会反驳说："这些事有什么了不起的，我同样会关照在圣诞节遇到的孤儿。如果我遭遇到珍珠港那样的事件，我也会愿意去做那些善事，像叶芝夫人一样。但是，我的情况毕竟与他们不一样。我的生活过得非常平淡，我每天循规蹈矩工作8个小时，从来也没有任何关心和帮助别人的机会，我又怎么可能有关心和帮助他人的兴趣呢？而且我为什么必须帮助他人？帮助他人能给我带来什么益处？"

我对这种想法并不意外，你的这些问题还是让我来回答。回答前我还要先问你一个问题，不管你的人生是怎样的，每天总会与人邂逅，你会怎样与他们打交道？是视而不见，还是适当交流？例如邮差，为了替大家送几封信他要走几百英里的路程，你是否留意过他的住址？对他家里的状况你知道多少？你有没有询问过他的工作情况？

你关注过百货商店的售货员、电车司机、擦鞋的孩子吗？他们和我们一样生活在这世界上，他们也有苦闷、梦想，也对未来充满憧憬，也渴望与别人交朋友，你是否给过或者帮助过他们争取这样的机会？对他们的人生，你是否有所在意？

没有人要求你非要做南丁格尔或社会变革者，有力量为这个世界带来福祉，但对于力所能及的事情你是完全可以做到的，从明天碰见第一个人开始，你去学着给予他关心和扶助。这时你可能同样要问，这对我裨益何在？可以肯定地说，这一定会让你更幸福、满足和骄傲。这种观念被亚里士多德称为"开明的自私观念"。宗教学家左罗斯特拉则说："不要把对别人的好看成是压力，而应该把它看成一种享受，因为它能给予你幸福快乐。"富兰克林说得更直接："取悦别人的实质是在取悦自己。"

曾任纽约心理服务中心主任的林克说："在我看来，付出与律己是达到自我目标与获得快乐的首要前提，这也是现代心理学所取得的最伟大成果之一。"

多为别人考虑不但可以消除烦恼，还可以让你交到更多朋友，赢得更多欢乐。耶鲁大学的教授威廉·费尔普斯曾告诉我：

每次我到饭店、理发店或是去超市购物时，都会与我碰见的人交谈。我要让他们知道，他们是受人敬重的人，而不是某部机器上的零件。我时常会在商店里赞美女服务员，说她拥有很美丽的眼睛或头发。我也会在理发店里留意理发匠的工作，他们站一整天是否劳累也是我关注的事。我会问他，在这一行干了多久了？总共给多少人理过发？然后，我会和他共同算算这些账。

我感觉到，关注每个人所从事的事情，会让他们感到无比的快乐。我经常去和很劳累的行李搬运工握手，让他们感到轻松舒畅。

　　某个炎热的夏天，我乘坐火车去办事，当我到非常拥挤的餐车上吃午餐时，那里十分闷热，服务员们更是忙得满头大汗。当服务员终于把饭菜递到我面前时，我说："大热的天气，厨师们可真是辛苦了！"

　　服务员听后感动地说道："上帝呀！别人都在抱怨说这儿的饭菜差、价格贵、服务慢，还说这儿热。我听这话听了快20年啦，你是绝无仅有的理解我们厨师辛苦的客人。我们多么希望所有的客人都像你一样啊。"

　　我只是对厨师的工作表示了一点同情，他们就能够这样满足，足以见得人们多么看重他人的认同与关注啊。有时我在小路上散步，如果遇见有人领着他的狗一道出来，我一定会夸他的狗很漂亮。当我再回头时，时常看到那人在抚摸自己的狗，我的赞美让他很高兴，也更加喜欢自己的狗。

　　有一天，在英国，我碰上一位牧羊人，我对他的那只聪明伶俐的牧羊犬大加赞美。我还向他请教驯狗的方法。当我离开后回头看时，看见牧羊人正在抚摸牧羊犬的头。可见，有人对牧羊犬感兴趣，它的主人会很开心，那只牧羊犬也很愉悦。

　　设想一下，一个肯主动去与搬运工进行交流，又对厨师的辛苦工作表示理解，还不时赞赏别人爱犬的人，他怎么可能会满脸忧虑、百无聊赖，需要求助于心理医生呢？东方有句谚语说得好："赠人玫瑰，手有余香。"

多年前，我到一个小镇进行演说，在一位已经做了祖母的女士家里借宿过一晚，第二天，她开车送我到火车站。一路上，她向我讲述了她的亲身经历，这些经历是她第一次向外人提起：

　　我出生在费城一个贫困家庭中，全家靠着社会救济金生活。贫穷，给了我许多痛苦。我不能在社交场合如鱼得水，像其他少女那样。因为我没有漂亮的衣服，而且衣服窄小，款式也已经很老套了，家里没有钱为我买新衣服，这让我很没面子，我常常在哭泣中入睡。

　　沮丧中，我想到一个方法，那就是在每次聚会时，转移他们的注意力，请我的男伴介绍他的经历和对人生的看法，再让他构想一下未来。说实话，我对他们所讲的内容并不感兴趣，只要他们能这样讲，我的目的就达到了，不给他们机会注意我那不漂亮的衣着。

　　然而，令人意想不到的是，在他们的故事中，我却有了意外的收获，学到某些可贵的东西，不但让我忘记自己正衣着寒酸，更让我因成功地学会了倾听，并鼓励他们讲述自己的经历和内心，男士们开始愿意和我在一起了，于是我成为最受青睐的女孩，有三位男士曾向我求婚。

有些读者可能会质疑："这完全是在搞笑！我才没工夫管别人的事，赚钱才是我所关心的，别人的事和我有什么关系呢？"

你当然可以选择事不关己，因为这是你的自由，但是，如果你认为这样做是正确的，那么那些伟大的人物，如孔子、佛祖、柏拉图、亚里士多德和苏格拉底等，他们所做的一切就都没有意义了吗？或许这些过于久远的智者你不太熟悉，那么现在，我给你介绍几位当代的无神论者。第一位是剑桥大学的郝斯曼教授，他是一位著名学者。60多年前他在剑桥大学做了题为《诗的表象与实质》的演说，其中有这样的表述：

耶稣说："那些为我的事业做出了牺牲的人们，将获得永生。"这是真理，也是最高尚的人格。

如果这样的话是从牧师那里听到的，你可能仍认为它有些玄奥，而郝斯曼教授却是一位坚定的无神论者，他依然这样说："一个以自我为中心的人，是无法度过圆满人生的。"这是不是可以说，充分享有生活的兴趣，只能在无私地为他人服务中才能实现啊？

假如以上事例仍不能让你的想法有所改变，那么我们再了解一下20世纪美国最有影响力的无神论者西奥多·德莱塞的观点，德莱塞把所有的宗教都当成文学来阅读，而把其他作品都看成是"愚人的故事"。他遵循耶稣的教导，始终如一地为他人服务。他说："只要我们想从生活中得到哪怕一丁点儿的乐趣，就不能自私自利，自高自大，而应多为他人考虑，因为乐趣只能来自你和他人之间的互相关怀。"

　　德莱塞还说："帮助他人可以使你心灵充实，现在，请不要再耽搁时间了，立刻行动吧。人生无法重来，如果有行善的机会，不要错过，也不要忽视，从现在做起吧。因为生命，每个人只有一次。"遵循德莱塞的劝告，我们就会找到快乐的源泉。

不要轻易指责别人

1931 年 5 月 7 日，纽约发生了有史以来最震撼人心的围捕事件。经过几个星期的搜寻，警方终于将那个著名的"双枪手"克罗里逼入绝境，把他困在了西尾街他女友的家中。

150 名警员和侦探包围了他的藏身之处，警察把他躲藏的屋顶打开了一个洞，打算用催泪弹把克罗里逼出来。同时，在屋子的四周都架好了机关枪。霎时间，纽约这个原本宁静和谐的住宅区接连响起了砰砰的枪声。克罗里用一把堆满杂物的椅子作掩体，不断负隅顽抗。观看这场枪战的有上万名惊慌的民众，这也是发生在纽约街道上的第一次大规模枪战。

活捉克罗里以后，警方宣布，这位号称"双枪手"的克罗里是纽约有史以来最危险的罪犯之一。"他杀人，"警察总监莫隆尼说，"连眼都不眨一下。"不过，"双枪手"克罗里是如何看待自身的呢？当他与警方对射的时候，他写了一封《致有关人士》的信。当他写下这些文字时，鲜血正从他的伤口涌出，信纸上还留有血痕。在信中，克罗里说："一颗疲惫的心藏在我的衣服之下，这颗心是善良的，不愿伤害任何一个人。"

在这之前，在长岛郊外的一条道路旁，克罗里和女友正在车里亲热。一位警员来到他的车门边，说："让我看看你的证件。"

克罗里却掏出手枪，不由分说就向那位警员连开几枪。接着他从车中出来对倒在血泊之中的警察尸体又射了一枪。这就是自称"一颗疲惫的心藏在我的衣服之下，这颗心是善良的，不愿伤害任何一个人"的凶手。

最后，当被判处死刑的克罗里被押往监狱的死刑室时，他没说"这是我杀人的结果"，而是恬不知耻地说："这是我自卫所招致的厄运。"

举这个事例是想说："双枪手"克罗里从来不批评自己。这是恶徒们独有的、与他人无关的态度吗？如果有谁这样认为的话，那么再看看以下这些文字：我把人生中最宝贵的时光，都用在了为别人提供快乐上，而这一切所换来的却是侮辱，是一种被通缉者的资格。

这些话出自阿尔·卡朋，美国昔日的全民公敌——"称霸"芝加哥的最狠毒的黑帮头目。阿尔·卡朋总是自以为是，真的把自己当作公众的恩人，一个得不到感激而只收获误解的天使。

苏尔兹同样也是纽约一个臭名昭著的歹徒，他后来在纽约被另一帮歹徒打死。他死前一直把自己当成大众的恩人，并且真的肯定自己是一名天使。关于这个问题，我跟监狱的典狱长刘易斯有过信件交流，他说："监狱里的犯人，几乎没有一个承认自己是坏人。作为跟你我一样的人，他们为自己辩护，为自己撬开保险箱、为对人扣下扳机找借口。他们中的大部分人，都相信一种难分善恶的推理，为自己反社会的行为辩护，认为是社会错怪了他们。"

约翰·华纳梅克尔说："我20年前就知道指责别人完全是一种类似于白痴的行为。我从不抱怨，每个人所拥有的智慧是不同的，要战胜自身的缺陷就已经很不容易了。"

华纳梅克尔的领悟，却是我在人生的旅途中奔波了30多年后，才渐渐领悟出的：100次中有99次，没有人会自我责怪，无论他是多么严重的错误。

在许多次实验后，世界知名的心理学家史金纳总结道：因学习快而受到奖励的动物，比因学习糟糕而受到处罚的动物，学什么都更快、更好且更不易遗忘。其实，人类也是如此。批评不如表扬更能改变人。

另一位著名的心理学家席莱说："我们十分渴望获得别人的认可，也同样非常恐惧别人的指责。"

批评常常会让员工、家人、朋友的情绪变得很糟糕，并且于改善局面也没有任何效果。

江士顿是一家工程公司的安全检查员，他其中一项工作是监督在工地工作的职员佩戴安全帽。他说，对每一个不佩戴安全帽的人，他都会对他们提出批评，并指出不戴安全帽的危险，要他们必须遵守公司的纪律。员工一般都会接受他的纠正，但却很不情愿。而且，常常在他离开以后，就又取下安全帽。

为此他采用了另一种方式。当再遇有人不戴安全帽时，他便问他们，是不是安全帽在头上的感觉很糟糕，或者是感觉很不舒服，接着他用让人愉快的口吻提醒道，为了保护你们不受伤害，请你们一定要戴安全帽进工地。这样就没有工人不高兴了，效果果然大不同寻常。

在西奥多·罗斯福与塔夫脱二人之间曾经有过一场著名的争论。那场争论搞得共和党四分五裂，结果却把民主党的威尔逊送进了白宫。让我们来回顾一下那段历史。1908年，罗斯福搬出白宫时，他帮助塔夫脱成为总统，自己则去非洲旅游了，在那里猎狮子。但他回来后却暴跳如雷地指责塔夫脱的保守主义，试图为自己弄到竞选下一任总统的提名。为此，罗斯福组建了雄鹿党，搞垮了共和党。大选的结果是，塔夫脱和共和党空前惨败，仅获得佛蒙特州和犹他州两个州的选票。

罗斯福怪罪塔夫脱，但塔夫脱是否批评过自己呢？答案是否定的。塔夫脱为自己开脱道："我搞不明白，我究竟应该怎样做才能算跟我从前做的有所区别呢？"

这件事应该由谁来负责呢？罗斯福还是塔夫脱，对此至今没有定论，而且，也无法定论。我现在要说的是，罗斯福所有的批评，都不可能让塔夫脱对自己说一个错字，他除了一个劲儿为自己辩护外别无其他。

再让我们看看"茶壶盖油田"舞弊案吧。报界曾经为这件事吵闹了好多年，结果，把整个美国弄得混乱不堪。这件事情的起因是这样的：政府商务部长赫伯特·胡佛，受命负责政府对艾尔克山丘和茶壶盖地区油田的出租事宜，那些油田原本是计划安排给海军使用的。但胡佛部长没有安排公开投标，而是私下把那份合同给了他的朋友爱德华·杜韩尼。杜韩尼则给了胡佛部长10万美元，名义上是"贷款"。之后，胡佛命令美国海军进入该区，用武力赶走了那些对手，目的是防止艾尔克山丘的原油被周围的油井偷偷开采。而这些愤怒的对手们冲进了法院，并揭发了茶壶盖油田舞弊事件。这件案子激起了全国公愤，最后也结束了哈定总统的执政生涯，并且，愤怒的人们要求共和党下台，他们还要把胡佛送入牢狱。

胡佛被国人骂得身败名裂——他是第一个被斥责得如此凄惨的政客。那么，他为此感到后悔了吗？也没有！多年后，有人在一次公开演说中暗示哈定总统过早的离世是由于一个朋友的背叛。当这些话被胡佛太太听到时，她愤怒地从椅子上跳起来，紧握着双拳，歇斯底里地叫着："什么！是胡佛出卖了总统？根本不可能！我丈夫绝对不会做出这样的事。即使是满屋子的金子，都不可能使我先生心怀不轨，他已被钉上十字架，他才是被出卖的人。"

从胡佛太太的表现中我们已经可以看出，只会责怪别人而不检讨自己的往往是做错事的人。我们都不例外。所以，当我们哪一天要去批评别人时，不要忘了阿尔·卡朋、"双枪手"克罗里还有赫伯特·胡佛。我们要明白，批评就像总也离不开家的家鸽。将被我们指责的人，要么一边替自己开脱，一边反唇相讥；要么像斯文的塔夫脱，他会喊着："我搞不明白，我究竟要怎样做才能算跟我从前做的有所区别。"

1865 年 4 月 15 日，福特戏院正对面一家廉价客栈的卧房里，遇刺的林肯总统奄奄一息地躺在那里。他那瘦长的身子几乎斜躺在那张短得有些尴尬的床上。一盏煤气灯散发的光亮此时显得惨淡且透着黄晕，墙壁上挂着一张罗莎·波南的名画《马市》的赝品。

"这里躺着的是有史以来最杰出的领袖。"这时，陆军部长史丹顿说。

林肯在为人处世上是极为成功的，他是怎么做到的？在对林肯的生平研究 10 年后，我用了整整 3 年的工夫，写成一本叫《人性的光辉》的书。我相信，这是一本对林肯的性格和家庭生活已经研究穷尽的书。我还对林肯跟别人的相处之道做了专门的考察。他曾经喜欢批评他人吗？是的，年轻时的林肯不仅是喜欢批评别人，还会采用写信、写诗的方式挖苦别人，有时他会在别人的必经之路上丢下那些信件以确保他们能看到。

但是后来，一封信让他对批评的反感贯穿了余生。在伊利诺伊州春田镇时，林肯一边信心满满地从事他的律师业务，一边给报社投稿，公开挖苦他的对手。但此时他还只是偶尔干干这种事。

1842 年秋天，有一位名叫詹姆斯·史尔兹的爱尔兰人，那家伙总是自鸣得意且酷好斗狠。为此林肯在《春田时报》刊出一封无名书信，嘲笑了史尔兹一番，让全镇的人都忍俊不禁。如他所料，此事让史尔兹气得火冒三丈。他在查到写那封信的人是林肯后，就跳上马去找他，提出决斗。两人都有选择武器的自由，林肯因其臂长的优势选择了骑兵用的长剑，并开始向一名西点军校毕业生学习剑术。决斗地点选在密西西比河的一个沙滩上，约定的时间到了，双方都准时到场，但在决斗就要开始的时候，他们的助手赶到了，阻止了这场决斗。

林肯生平所遭遇的最恐怖的事件算是化解了。从这件事中，他学到了价值连城的为人的学问。从此以后，他不再取笑任何人了，更没有用任何方式讥讽过别人，甚至没有为任何事批评过谁。

南北战争时期，林肯接二连三地任命新的将军来统帅部队，但经他任命的将军诸如：麦克可莱、波普、伯恩基、胡克尔、格兰特等都像走马灯似的惨遭败北，一半北方人都在痛骂那些拙劣的将军们。尽管林肯也因为失望而不断踱步，但他却"从不长吁短叹，埋怨任何人，只对大家祝福"。"避免评论他人，才能避免他人的评论"是他经常引用的一句格言。当他的夫人或别人对某些南方人士颇有微词的时候，他也总是劝解说："不要责怪他们，如果是我处在那样的情况下，也会做出同样的选择。"

1863 年 7 月初，著名的葛底斯堡战役打响，当时乌云密布、大雨如注。当南方的李将军带领着溃败的军队撤到波多梅克时，一条暴涨的河流挡住了他们的去路，而身后就是北军的追击部队。李将军被围住了，成了北军的笼中之鸟。林肯看到了这一天赐良机，彻底击败敌军、立即结束战争的机会就在眼前。鉴于此，林肯命令米德先不要举行军事会议，抓紧时间攻击李将军。林肯一方面通过电话下令，一方面派出一名特使面见米德，要他立即采取行动。

但米德将军是如何做的呢？他完全把林肯的命令扔在一边，召开了一次作战会议。他举棋不定，一再拖延进攻时间。他给林肯打电话，以各种借口拒绝对南军发起攻击。最后，洪水退了，南军从波多梅克成功撤离。

为此，林肯大发雷霆。"他是什么意思？"林肯朝着他的儿子罗勃吼叫起来，"上帝啊！他们在我们的手掌心了，只要我们用手攥一下，就可以俘虏他们了。但是不管我做出什么样的决定，都不能使我们的将军和军队稍加移动。在那种情况下几乎换作任何一位将军，都能够俘虏李将军。如果我在那儿的话，只需我自己就可以消灭那只军队。"

林肯在愤怒和失望的情绪慢慢平静之后，拿起笔给米德写了一封信，我们都知道，现在的林肯用词总是十分谨慎和克制。因此，他写的这封信，在当时来说算是最激烈不过的了。信的内容如下：

我亲爱的将军：

我不相信你会想不到李将军逃脱后会产生怎样严重的后果，他原本已在我们的控制之中。要是你能率领我们的部队穷追猛打的话，我们凭借这之前已经取得的胜利基础就已经可以结束战事了。现在呢，战争可能还会无休止地拖下去。要是你在那样大好的时机尚不能击败李将军的话，以后又怎么能渡过河去歼灭他呢？现在我看不到你能改变情势的希望，若是对你还抱有期望，那也是一种不合适的期望。你的良机已丧失殆尽，这让我深表遗憾。

你猜，米德看到这封信会是什么反应？

结果是，米德压根就没有看见过这封信，因为林肯根本就没有把它发出去。人们是在林肯死后，在他抽屉里发现这封信的。

我猜，林肯在写完这封信后，可能望着窗外，在自言自语地说："等等，也许我不能如此着急。我命令米德进攻可以说是件轻而易举的事。假如我当时也身在葛底斯堡，也与米德一样，在上星期看到了尸横遍野，听到了伤兵的痛苦呻吟，或许我也不会再驱使军队去进攻了。谁敢说我们的决定会是不一样的呢？不管怎么说，如今事情都发生了。我寄出这封信把米德责备一通，当然可以宣泄我的不满，但却会逼得米德为给自己辩护，反过来攻击我，造成我们彼此间的矛盾。况且，这也会损害他作为统帅的威信，甚至会造成他被迫离职的局面。"

因此，就像我上面所提到的，林肯没有将责备米德的信发出去。尖刻的批评和呵斥，于解决问题几乎毫无帮助，有时甚至适得其反，这是他从痛苦的经验中学到的。

而总统西奥多·罗斯福则回忆说，他任职总统时，凡碰到棘手的问题，一般都是靠在椅背上抬头注视那张挂在他白宫办公室墙上的林肯巨幅画像，然后自问："如果林肯仍坐在这个位子上，将会怎样做？"

马克·吐温的肝火很盛，他信中的文字火气之盛足以烧焦信纸。例如，某一天，他给一位招惹了他的人写信说："应该给你一份死亡埋葬许可书。只要你开口，我一定会尽力帮助你搞到这份文件。"又有一次，他给一位编辑写信，对一名校对要修改"他的拼写和标点"提出意见，他以命令的口吻在信中说："校对时必须一字一句按着我的底稿去做，并且转告那个校对，把我的建议装在他那已经烂掉了的脑子里。"

这些痛斥对方的信，让马克·吐温感到很解气，而且这些信件也没有给他带来什么不好的反应。但他并不知道这些信都被他的妻子从邮箱里取了回来，一封都没有寄出去。

你是否也在试图劝别人做一些调整呢？好的，我举双手赞成。但我同时也有一个建议，就是先从我们自身着手！因为这比起有意改进别人，会让你获益更多，另外所冒的风险也更小。

白朗宁说过："一个人懂得先从自己寻求改变，他就一定会是个有用的人。"规劝和批评别人前先让自己尽善尽美。

远离嫉妒

1929 年，美国发生了一件轰动整个教育界的大事，引得美国各地学者都涌到了芝加哥。起因是一个名叫罗勃·郝金斯的年轻人，曾做过作家、伐木工、家庭教师和出售成衣的售货员，通过半工半读拿到了耶鲁大学的毕业证，现在，刚毕业了 8 年的他担任了美国著名学府——芝加哥大学的校长。而他当时只有 30 岁！这让所有人大跌眼镜，让老一辈的教育人士瞠目结舌。公众对此进行猛烈抨击的语言就像冰雹暴雨一样砸在这位"年轻的校长"头上，加入攻击的甚至还有各大报纸。

罗勃·郝金斯上任那天,他父亲的一位朋友告诉他的父亲："今天上午，我看到报上有人撰文攻击你儿子，可把我吓了一跳。"

"对，"郝金斯的父亲说，"话说得很凶悍。不过请记住，人们不会去踢一只死狗的。"

不错，人们习惯于从指责他人中获得满足。温莎王子，即后来的英王爱德华八世的温莎公爵，就因此被人欺负过。14 岁时，他就读于帝文夏的达特莫斯学院，这个学校类似于美国安纳波利斯的海军军官学校。某一天，一位海军军官看见温莎王子一个人在墙边啜泣，就问他发生了什么事。起先他不肯说，后来终于说出实情。原来，有好几个学院的学生踢了他的屁股。指挥官叫来所有的学生进行询问，并告诉他们，王子并没有告状，但他想知道为什么会有人做出这种事。

支吾了半天之后，他们终于承认说，之所以这样做是希望以后可以在大家面前增加显摆的资本，特别是以后当上皇家海军的指挥官或舰长时，就可以说，自己可是踢过国王屁股的人。

因此，当以后有人踢了你，或者有人恶意攻击你，请不要忘记，他们之所以这样做，是由于这些家伙想要有一种自鸣得意的感觉，这也就反衬出你很优秀，他们不会去理一个懦弱的人。只有攻击教育程度、职位和影响力都高于自己的人时，才会产生快感、满足感和得意。举例说，我写这一部分的时候，有一个女人来信，咒骂组建救世军的威廉·布慈将军。她之所以写信给我是因为我过去曾在广播节目里支持布慈将军。

在信中，她说将军侵吞了 800 万美元捐款，那是她募来救济穷人的。这种指责显然是无稽之谈，而实际上，这个女人也并不想获知真相，只是想搞臭一个比她地位高的人，以此获得满足。自然她那封无聊的信被我丢进了废纸篓。虽然我还不了解布慈将军是什么人，但是我却大致地了解了她。许多年前，叔本华曾说过："在伟人的错误和失误中，庸俗的人能获得最大的快感。"

可能没有人会认为，耶鲁大学的校长会是一个庸俗低级的人。可是，责骂总统的摩太·道特就曾担任过耶鲁大学校长。他说："我们会发现我们的妻子和女儿沦落为合法卖淫的牺牲品。我们会受到奇耻大辱，我们及社会的尊严和道德都会遗失殆尽，使得天怒人怨。"

听起来，这些话好像是在指责希特勒？可你错了，这些话是骂托马斯·杰斐逊的，就是那个起草《独立宣言》、可以代表美国民主政体的伟大人物？丝毫不错，道特骂的人正是托马斯·杰斐逊。你们当中有谁听过，哪一位美国人曾经被人们冠以"伪君子""大骗子"和"只强过谋杀犯一指头"的？有一张报纸上登载过一幅漫画，画中是一个人被绑在断头台上，一把大刀正准备从他脖子上砍下；同样是这个要被斩首的人，他骑马走在大街上时，一大群人堵着他大骂不止。这个人是谁呢？他是美国的开国元勋乔治·华盛顿。

不过，这些都是很久以前的事了，可能从那时候开始，人性在慢慢改善。让我们看看海军上将佩瑞的遭遇。他在 1909 年 4 月 6 日乘雪橇到达北极，成了轰动世界的著名探险家。许多年来，数不清的勇士为了实现到北极这个目标而忍饥挨饿，甚至丧生。佩瑞也差一点就在饥寒交迫中死去，他的 8 只脚趾冻伤，不得不将它们切除。他在途中遭遇了各种各样的危险，这使他自己都担心还能不能挺过来。而那些悠闲地坐在华盛顿总部的海军官员们却对他满心妒忌，不过是因为佩瑞受到了公众的欢迎和重视。

他们攻击他借科学探险的名义骗钱，自己却悠闲自得地在北极嬉戏追逐。他们还以为这种以小人之心度君子之腹的想法是明智的呢，因为人无法不相信自己想要相信的事情。他们干扰了佩瑞探险的决心，最后不得不由麦金莱总统直接下令，才保护了佩瑞在北极的研究工作。

假使当时佩瑞也像其他人一样待在华盛顿的海军总部的话，他还会遭到别人的批评吗？当然不会，同样也不会招致很多非议了。

格兰特将军所面临的境遇比佩瑞上将更糟糕。1862 年，格兰特将军突然成为全国的偶像，因为他带领北军取得了第一次决定性的胜利。甚至，连遥远的欧洲都为此震动。这场战争点燃了从缅因州一直到密西西比河岸一路的庆祝之火。可就在赢得这次伟大胜利的 6 个星期之后，他却被剥夺了兵权，继而遭到逮捕，这使他备受屈辱而失望痛哭。

为什么在他为国家立下了赫然功勋的时候，却会被捕呢？很显然，是他显赫的功绩引起了他那些自私又傲慢的上级们的嫉妒。

挑战自己的缺点

我在工作档案柜里存放了一个私人档案夹，里面收集的都是
"我所干过的傻事"，以及那些蠢事的来龙去脉。有时，我会自
己口述让秘书做记录，但大多数的事情涉及私密，或者，有些愚
蠢到我没脸让秘书知道，就不得不亲自记录了。

每当我拿出那个档案夹，看着"蠢事录"名录，读一遍那些
自我批评后，就能更加清醒地处理那些看起来不容易处理的问题，
从而自我约束和控制。

我曾习惯于将责任推卸给他人，但随着自己慢慢清醒和理智，
我发现一个人必须要对自己所做过的任何事情负起责任。大多数
人会随着阅历的增长而意识到这点。被流放圣赫勒拿岛的拿破仑
就曾说："我必须承担失败的一切责任，而不是推给其他人。正
是我自己造成了我的失败。"

有这样一个故事，故事的主角叫豪威尔。他在 1944 年 7 月
31 日突然于纽约大酒店身亡，震惊了全国，扰动了华尔街股市。
他是当时美国金融界的头面人物，曾任美国商业信托银行董事长，

同时持有多家大公司的股份。他并未接受过多少正规教育，他是在担任了一家钢铁集团信用部经理之后才得以青云直上的。

我曾拜访过豪威尔先生，向他请教成功的经验，他告诉我：

多年来，我一直有用日记本记录两天内所有预约的习惯。家人也从不希冀于我和他们一起共度周末，他们知道那段时间是我自我反省的时间，反省我一周内的工作情况。晚餐后，我就打开日记本，回顾一周来我所参加过的所有会面、讨论、决定及所有细节。我问自己："我做的发言是否合适？决定是否合理？我的哪些工作方式需要改进？从这件事情中我能吸取到什么经验和教训？"

每周的自我反省都会让我十分懊恼。有时，我甚至无法接受那是我的所作所为。不过，随着我不断地做着自我反省，我发现我犯错误的情况愈来愈少了，我业已养成了自我反思的习惯，这对我的事业功不可没。

这种方法，豪威尔或许是从富兰克林那里学来的。不同的是，富兰克林每晚都进行自我剖析，而不是等到周末。有一天，他发现自己竟然存在 13 项并不算小的错误，其中 3 项是：虚掷光阴、为琐事分心和与人争执。明智的富兰克林清楚，如果这些缺点继续存在，一定会影响自己的成功，因此，他计划一周改正一个缺点，并且每天都要自我考核是否有改进。下一周他将尽力改掉另一个缺点，他坚持向自己的缺点宣战，这场战斗一直延续了两年。

富兰克林之所以能成为让人们景仰的人，是有原因的。

聪明的人会在不断地改正自己的缺点中得到进步，而愚笨的人却常常不愿接受别人的指责。"难道你只能接受欣赏、尊重和认可吗？难道就无法从遭到反对和攻击的事上反省一下吗？"著名诗人惠特曼这样说。这也是对愚昧之人的提醒。

让我们把工作做好，不要让别人来指手画脚。我们要用最严格的手段来审视自己，尽量少地留下不足。在这方面达尔文做到了，他在写作伟大的著作《物种起源》时，预料到整个宗教界和学术界在被这个跨世纪的学说震惊的同时，也一定会提出反对意见。为此，他做了历时15年的自我反思，不断翻阅相关资料，对照检查自己的理论，并一点点地完善。

有人骂你时，你会气愤得不可自持吗？林肯总统就曾经被自己的国防部长爱德华·史丹顿骂过，林肯总统是如何应对的呢？

史丹顿对林肯发脾气的起因是林肯干预了军队。林肯为了和那些自私的政客搞好关系，下达了一项调动军队的命令。史丹顿对这一命令不但拒绝执行，还指责林肯签署这项命令是极其愚蠢的。当这件事被人们透露给林肯时，林肯不动声色地说："如果史丹顿骂我愚蠢，说不定我真的是错了，因为，以往他骂我时，出错的很少是他。这事我会亲自过去和他商量一下。"

林肯说完真的去找了史丹顿，史丹顿当面指出了这项命令的不当之处，林肯当即收回了成命。林肯对待批评的态度是理智的，只要对他的批评是诚恳的、正确的，他都会接受。

对于诚恳的批评我们必须要学会接受，毕竟没有人会永远正确。罗斯福总统作为一个伟大的人物，也只敢奢望自己所做的事情中有四分之三是正确的。就连爱因斯坦这样的科学巨匠，也承认自己所做的绝大部分的结论可能是不合适的。

"通常敌人看待我们，比我们看待自己要客观得多。"法国作家拉劳斯夫的这句话是有道理的，然而，如果不事先自我提醒，在接受批评时自然会产生抵触情绪。即使在压力下接受也是不情愿的，不论对方批评得是否合适，没有人对受到批评感到高兴，人们只希望受到称赞。有时我们并不是理性的，不能只受理性所支配。我们的理性脆弱得就像是墙头上的草。

当听到别人在谈论你时，别急于去辩解并不难做到。只要自己保持一分清醒，多一分耐心，你就会说："要是有助于我改正更多的缺点，何妨接受这些批评呢！"

怎么对待不公正的攻击呢？我与朋友经过探讨，得出一致意见：当你遇到这种情况时，就对自己说："批评得对，我原本就有许多毛病。像伟大的爱因斯坦这样的人物都坦言，自己做的判断大多时候并不合适。所以，我们务必做到谦虚，这样才会越来越好。"

鲍恩·霍伯接受查尔斯·卢克曼给出的 100 万美元的高薪，为其主持广播节目。他对收到的赞扬信从不在意，而那些批评他的来信他都会阅读，因为他明白如何在别人的批评中提高自己。福特汽车公司就经常邀请员工对公司进行批评，目的就是为了了解管理与运作中的问题，然后予以解决提高。

我认识一位香皂推销员，他总是主动请别人提出批评意见。

一开始，他的订单少得可怜，他甚至担心因此养不活自己。他知道产品以及价格都没问题，那么问题一定是在自己身上。每次推销失败时，他都会在街上停留片刻，想一想自己哪些地方做得不够，是没有说清楚产品的优点？还是态度不够热情？偶尔他还会去询问客户们："我回来不是为了缠着你们非买不可，而是希望您能给予批评与指点。您是否能够告诉我，我在什么地方做得不好？请给我提供一些帮助。"

他一系列的谦逊举动为自己赢得了很多朋友，也学习到了很多可贵的经验。

你知道他后来的命运吗？后来，他接手了当代最大的香皂生产公司——高露洁公司，担任了该公司的总裁。他就是著名的立特先生。

诚挚地予人以赞美

你是否认真地想过，如何让别人去做某件事？其实，独一无二的办法，就是使人"乐意"去做那件事儿。

当然，让别人去做事的方法有很多种，你可以拿着手枪逼着他，他会很老实地把手表取下来给你；你也可以利用解雇的招数逼迫一个雇员与你合作；你还可以利用威逼利诱的手段指使一个孩子干任何事。然而，这些愚蠢的方式，其结果往往会适得其反。把他所需要的给他，才是让别人主动去做任何事情的不二法门。

你想得到什么？心理学家弗洛伊德博士说："我们所做的所有事，都可追溯为两种动机：一是性冲动，二是对成为伟大人物的渴望。"而哲学家杜威的看法与之稍有不同，他认为成为重要人物的欲望，是人类的天性。

你想得到什么？答案并不仅限于物质。想想看，你感兴趣的东西，可能也是所有人感兴趣的东西。我把它们列在下面：

1.生命的安全感，健康；

2.生活必需品；

3.充足的睡眠；

4.金钱和金钱所能解决的所有事情；

5.满足性欲；

6.后代的平安；

7.名利、荣誉、社会地位、尊严。

对于每一个人来说，总能满足以上的某些欲望，但有一种欲望，它与食物、睡眠一样重要但却很难达到——那就是弗洛伊德和杜威口中的"成为伟大人物的渴望"或"成为重要人物的欲望"。

林肯曾在一封信中写有这样一句话："每个人都希望得到表扬。"威廉·詹姆斯也说过与林肯类似的话，他说："人类的天性中有一点十分关键，就是渴求得到重视。"这是一种近在咫尺的人类饥渴问题。凡是能够满足别人这种渴求的人，就可以把对方控制在自己手心。

人类有被人尊重的欲望，这是人和动物之间的重要区别之一。我小时候住在密苏里州的一个农村，我们家里饲养了两种动物，一种是猪，一种是牛。我们经常在牲畜展览会展出我们饲养的猪和白脸牛，并多次获得蓝丝带头奖。

父亲把每次获得的奖章都用针别在白布上，每当有亲朋好友来我家时，他就拿出这条白布，我和他分别握着一边，让亲戚朋友们欣赏头奖标志的蓝缎带。获奖的那些家畜们全然不知道自己的荣誉，但我父亲却十分看重。毕竟，这让他有一种"被尊重"

的感觉。

说远一点，如果我们的先辈没有被尊重的欲望，就不会产生什么文化和文明了，甚至动物也不可能进化为人类了。

应该说一位伟大人物的诞生也是源于渴望得到尊重的欲望，这位伟人曾是一位穷店员。他过去没有接受过良好教育，只好在一家杂货店里干活。他手里只有花 5 美分购买的几本法律书，但他下定决心要去攻读它们。或许你已经听说过这个店员的名字，他叫林肯。

人类渴求他人尊重的欲望是十分强烈的，它让你甘愿做许多事情。比如它可以逼迫狄更斯写出不朽的著作，催促霍伦做出天才的设计，让洛克菲勒创造出他几辈子也花不完的财富。而能使你穿上最高档的服饰，驾驶最豪华的轿车，谈论你活泼可爱的孩子的，也是源于这种受尊重的欲望。使很多青少年失足坠入犯罪深渊的，同样是这种欲望。

马洛尼曾做过纽约警察总长，他说："在今天，导致许多年轻人犯罪的根源是他们满腔对虚名的盲目渴望，他们有些被逮捕后要求看那些三流报纸上能否找到自己的头像，如果有，他们就觉得自己已经小有名气了，如果在报纸上看到哪怕一小块篇幅关于自己的介绍，他就仿佛能与爱因斯坦、托思加尼或罗斯福等名人比肩了。他们根本不想，刑室里的电椅意味着什么。"

洛克菲勒捐款在中国北京建了一家新式医院，使许多他未曾谋面、可能永远也不会相见的中国平民恢复健康，他以这种方式赢得了尊重。现在，请你告诉我，你会怎样或准备怎样去赢得别人对你的尊重？我想说，首先，你要认识自己。认识自己的个性对每个人而言都弥足珍贵。洛克菲勒为我们提供了一个例证。

另外，以杀人越货闻名的迪林格，尽管他的所作所为十恶不赦，但他也是为满足个人的被尊重感。当他被警察逼进别人的家里时，他还恬不知耻地高声宣布："我是迪林格……我不会杀了你，毕竟我是迪林格！"

洛克菲勒受到了人们的尊重，而迪林格则受到人们的唾弃，他们之间最根本的区别，在于他们获得受尊重感的方式不同。

为了满足这种受到尊重的渴望，甚至历史上许多名人都不惜做出很容易闹出笑话的事，比如华盛顿，他很渴望有人赞颂他是美国最伟大的总统；哥伦布则请求西班牙王室授予他"海关大臣"和"印度总督"的头衔；俄国女沙皇叶卡捷琳娜二世则拒绝拆开那些没尊称她为"女皇陛下"的信件；更有甚者，在白宫，林肯夫人曾对格兰特夫人大声叫喊："我没让你坐下，你怎么敢这样放肆地坐在我的面前！"还有那些资助拜德将军到南极探险的富人，资助的同时也向将军提出一个附加条件，就是必须以他们的名字命名那些被探查过的冰山；而作家雨果则希望巴黎能被改称为维克多·雨果。

有人故意装病，也仅仅是为了获得受尊重感。比如麦金莱总统在晚年间就曾被他的妻子逼迫放下所有的大事，抱着她、抚慰她，直到她入睡为止。这样一来，好几个小时就被消耗了，她则通过这种方式获得自己的受尊重感。她还要求在她治疗牙齿的时候，丈夫也要陪着她，以使她痛楚难当的样子得到丈夫的关心。

有一次，麦金莱总统有急事，不得不把她一个人留在牙医那里，这让她大为光火。

林哈特夫人曾向我说起过一件事，有一位很能干的女人为了赢得受尊重感不惜装病。"终有一天，她要面对这样的事实：也许因年龄的原因，她永远不能结婚，就要开始孤独的晚年生活了，而值得她期盼的事少之又少。"

但是，林哈特夫人又说："之后她躺在床上10年之久，在这10年里一直是她年迈的母亲每天上楼下楼地照料她。可她的母亲因过度操劳，终于有一天倒地去世。赖在床上的她在沮丧一两个月之后，不得不离开病床，病也不知道什么原因不见了。"

专家们认为，在现实世界得不到的受尊重感，去梦境中寻找会让人变得很疯狂。在美国的一些医院里，患精神疾病的人比患其他疾病的人数总和还要多。如果你的年龄已超过15岁，又家住纽约，那么你就会有5%的在精神病院住上7年的可能性。

是什么原因导致了精神疾病呢？

现在人们还无法给出准确的答案。但是我知道，有许多种行为会对脑细胞造成伤害，从而引起精神病。事实上，半数以上的精神病患者，都可以在这些行为中找到病因，比如脑部受损、酗酒、中毒等。但除此之外，另有一部分人的病因却令人感到惊讶，在他们去世后，利用高性能显微镜观察他们的脑细胞组织，并与健康人做比对，发现并无二致。这些人患上精神病的病因在哪呢？

最近，我向一位精神病院主治精神疾病的权威咨询这个问题，这位医师学识渊博，曾获得过美国医学界的最高荣誉。他告诉我：

"说实话，我也不知道人是怎样患上精神病的。但我们知道许多精神病人在发病时，他们所要求获得的受尊重感，是真实世界所不能给予的。"

他还给我讲了一个故事：

我诊治过一个病人，她是一个婚姻上的失败者，非常渴望得到别人的爱，也想要孩子和好名声。在现实中她都没能得到满足，她得不到丈夫的爱，相反，她的丈夫还要在她这里索取照顾。

在种种刺激下，她患上了精神病。现在她与丈夫离婚了，她让人称她为小姐。她说自己嫁给了王室成员，还要求人家称她为"史密斯夫人"。她想要一个孩子，我每次去看她，她都对我说："医生，昨天夜里我得到了一个孩子。"

我不知道这是否算得上一个悲惨的故事，可这位医师却说："我或许能医治好她的病，使她看起来与正常人一样。可有时我又不想这样做，因为，现在的她似乎才真正处于她所希望的那种幸福的氛围里。"

表面上看，似乎精神病人反而比我们有更多的快乐。既然他们乐于享受疯癫，为何不能继续保持这样的状态呢？他们的问题其实在虚幻中被他们自己解决着，他们可以随手签给你一张100万美元的支票，或告诉你，你去见某某名人吧，我已经向他推荐你了。他们能够在自己创造的梦境中，得到现实中无法得到满足的受尊重感。

可见人们渴求受尊重的意识有多么强烈，以致人精神失常。试想，病人要是在还未发疯前就得到真挚的关爱，又会发生什么样的奇迹呢！

就我所知，历史上只有克莱斯勒和司华伯这两个人年薪超过100万美元。那么，司华伯能在安德鲁·卡内基钢铁公司拿到100万美元的年薪，或者说每天拿3000多美元，就一定说明他是个出类拔萃的天才了？答案是否定的。那么，一定是因为他在造钢上是位不可或缺的人物？答案仍是否定的。

司华伯坦承，在钢铁制造方面，他的很多下属都比他精通得多。他之所以能获得这样高的薪水，是因为他的才能特殊。我向他请教，他说："在人群中，我不同于平常人的资本是，我有能激发出他们每个人潜藏于内心所有热情的能力。我用赞美和鼓励的方法，可以把隐藏在他们身上的每一种才能都发挥到极致！"

司华伯强调说："上司最有可能摧毁员工意志的行为就是对他们工作的否定。我决不批评任何人，在我这里只有鼓励。我善于积极地给予他们赞美，放宽尺度处理他们所犯的错误。要问我有什么喜好的话，那就是我喜好给人以诚挚的赞美。"

以上是司华伯所践行的人生哲学，也是他异于常人之处。

其实每个人都有这样一种习性，就是对自己不喜欢的事，总是想方设法地吹毛求疵，鸡蛋里挑骨头；而对自己喜欢的事，则对它所有的缺点都揣着明白装糊涂。

"在与世界各地的名流交往中，我了解到，无论什么样性格的人，也无论他有多么不平凡，都只能在赞美声中，而不是在批评打击下，才能发挥出巨大的能量，实现伟大的目标。"司华伯说道。

这种思想也是安德鲁·卡内基所宣扬的"赞美他人，无须多言"。安德鲁·卡内基并不仅仅是在小范围赞美他人，更多的是在公众面前对人进行赞美。在安德鲁·卡内基的墓碑碑文上，也能看出他的这一品质。在他临终前，他为自己撰写的碑文是"此处所葬的，是个清楚怎样和强者游戏的人"。

发自内心地赞美别人，也是石油大王洛克菲勒事业成功的秘诀之一。我们可以看一个例子，他的伙伴佩德福在南美把一宗生意搞砸了，让公司损失了100万美元，但洛克菲勒并没有对其加以批评和指责，而是处之泰然。他知道佩德福已尽力而为，所以，他也没有揪住此事不放。而后，洛克菲勒反而找出值得表扬的部分表扬佩德福："幸运的是，你保住了我们大部分的投资额，至少是六成。并不是每件事我们都能够一帆风顺的。"

成就非凡的齐格非是活跃于百老汇的歌舞剧家。他善于发掘优秀人才，帮助很多新人经过舞台实践成为明星。齐格非给人以赞美的方式是增加歌女的薪水，从每周30美元加到每月700美元。他在福利斯歌舞剧开幕当晚向剧中明星发出贺电，并为每位表演者都准备了一枝美丽的玫瑰花。

有一段时间我迷上了时下正流行的绝食活动，曾经连续6天滴水未进。说实话，绝食并不难，第六天反而比第二天感觉还要好，而且并没有饥饿感。你知道，如果有人6天内不让他的家人或者员工吃饭，那就是犯罪；但是他们却会在 6 天，甚至更长的时间里不给家人或员工期盼已久的赞美。

当年，在维也纳担任主角的艾尔法利特·伦脱说过一句非常实在的话："对我最重要的东西不是别的，而是受到尊重。"

我们对孩子和员工身体所需的营养可能都尽量予以满足了，可是，对于他们的受尊重感所需要的营养，我们是不是表现得过于吝啬了；我们给他们牛排、土豆的同时却忘记给他们所需要的赞美。

"一味恭维太做作了，而且我都尝试过了，在那些受过教育的知识分子面前，这些毫无用处！"有的读者看到这些介绍，可能会嗤之以鼻。如果你的恭维真的是做作、自私和做做样子给人家看的，那注定鸡飞蛋打。然而，你该明白，很多人非常需要别人发自内心的赞美。

我举个例子，有过多次婚史的迪文尼兄弟是如何在婚姻问题上做到游刃有余的呢？为什么这两位纨绔子弟能得到两位美丽的电影女星的芳心？他们一个娶了著名的歌剧主角，另一个和拥有数百万家产的艾顿蒂喜结良缘，他们是怎样做到的呢？在《自由》杂志中，圣约翰说：

多少年来，迪文尼兄弟是靠什么吸引女人的，一直是人们心中的一个谜。当然，妮格雷也不是一个庸俗之辈，她也会鉴别男人。她告诉我说："他们非常懂得赞美的艺术，他们做得要比我见过的其他任何人都到位。在过去赞美是一种艺术,而现在的人却几乎不懂得它的价值了,或许迪文尼兄弟受女性青睐的原因就在于此。"

赞美与奉承是有本质区别的,赞美是真挚、无私、发自内心、为人们所喜欢的;而奉承是虚伪、自私、不情愿的,为了达到某些不良目的而做出的。

最近,我来到墨西哥参观了吉伯尔铁皮克宫,瞻仰了阿伯利根将军的半身像,半身像的基座上镌刻着他的名言:提防那些向你献媚的人,不要害怕攻击你的人。

我不是在教导大家如何去谄媚和恭维别人,那与我要表达的意思正好相反。我是在阐述一种生活的古老艺术。英国女王在白金汉宫她书房的墙上贴有六条格言,其中一条是:"不欢迎卑贱的赞美。"这里"卑贱的赞美",就是指献媚。献媚是庸俗且下流的表现,献媚者不会从中获取任何收益。

爱默生这样说:"无论献媚者使用什么样的语言,他所要表达的都不会离开自己的根本目的。"如果我们的注意力不在自己,而在别人的优点,那么,我们在把赞美别人的话说出口时,就不会有低人一等的感觉。

爱默生还说过:"在我认识的人中,一定会有值得我学习的人,他们优于我的地方我会真诚地予以借鉴。"他的见解是十分正确的,值得我们仔细体会,认真学习。

清楚别人需要什么

几乎每年夏天，我都会去缅因州钓鱼。我偏爱草莓和奶制品，但让我费解的是，鱼喜欢吃小虫。可我去钓鱼，不会首先会考虑自己想吃什么，而是先考虑鱼喜欢吃什么。所以，我钓鱼时主要准备的东西不是草莓或奶制品，而是一些小虫。

为什么当你和别人交往的时候，不先搞明白这种常识呢？

英国首相劳合·乔治却深谙这个道理。有人问他："为什么那些在一战时叱咤风云的领袖人物如奥兰多、威尔逊、克里蒙梭等都被公众遗忘了，而你却仍然大权在握？"他回答："那是因为他们不懂得：要想钓上鱼，就要熟知鱼儿的食谱。"

人与人不只是在形体上有明显的差异，在性格和追求上同样存在着巨大的差异。但许多人在和他人交往的时候只强调自己的需要而漠视他人需要，这就导致他们在跟人打交道的过程中不能为人所接受。以此类推，发现别人的需要，也是影响他人的关键。举例说，如果你不想让你的儿子吸烟，不能通过训斥的方法，或讲大而空的道理。有效帮他戒除恶习的方法是让他明白，吸烟会被禁止加入篮球队以及不可能在百米竞赛中取得好名次。

一谈到这个问题，连爱默生也显得无能为力。有一次，爱默生和他的儿子试图把一头小牛赶进牛棚，但他们犯了一个低级的错误——只想自己的目的。这对父子对牛又推又拉，可那头小牛就是纹丝不动。于是，爱默生只得求助于家里的女佣，让爱默生感到惊奇的是，那位女佣并没费多大气力就将小牛引入了牛棚。

那位女佣不会著书立说，但至少在这一次，比起爱默生，她拥有更多关于牛马的知识。她知道那头小牛所要的，因此，她将拇指放入小牛的嘴里，让小牛吮着自己的手指，很顺从地就进入了牛棚。

《影响人类的行为》一书的作者奥佛瑞教授指出："行动源于我们对达到某种目的的渴望。不论是在政界、商界、学界，还是在家庭中，我要给予他人的最好的劝告是：首先要做的就是激起别人的急切欲望，这样就架设好了生活中的全部桥梁。"

出身贫寒的安德鲁·卡内基开始工作时，薪酬仅为每小时2美分。可是后来，他却为贫困地区捐赠了3.65亿美元。他很早就学会了换位思考，虽然他只在学校里读过4年书，但是，却懂得怎样对待别人。

俄亥俄州克利夫兰市的史坦·诺瓦克是我开办的成人教育班的一名学员，他向我们提供了一个极其典型的例子：

一天夜里我下班回到家，看到小儿子吉米赖在客厅地板上又哭又闹。原因是明天吉米就要去幼儿园了，但是他却不愿意去。这事放在以前，我会将吉米关到房间里去，告诉他这事是没有选择的，你最好还是去幼儿园，但在那天晚上，我意识到，这样做，家长的目的是达到了，但会让吉米的情绪很糟糕。我坐下来想：要是我是吉米，我怎么才会愉快地去幼儿园？我和妻子罗列了吉米在幼儿园所有喜欢做的事情，比如用手指画画、歌唱，还有和小朋友玩耍，然后，我们开始行动。我妻子与儿子鲍布，开始在桌子上面用手指画画，并开心地欢笑。

起初吉米就在墙角躲着偷看，之后他就想要加入。"不行，你应该先进幼儿园学会了如何画手指画，才能加入我们的游戏。"我以他能够听懂的话，告诉他一切在幼儿园里可以享受到的乐趣。

第二天一早，我以为我是全家最早起来的人。可当我来到楼下时，却看到吉米正在客厅的沙发上睡着。"你怎么在这里睡觉呢？"我问他。他说："我想早一点去幼儿园。"我知道，昨晚的表演成功了，它激起了吉米想去幼儿园学游戏的热情，而取得的这一效果远不是热烈的讨论、威胁或恐吓所能达到的。

前不久，我从纽约某家饭店经理手中租用了一个舞厅，每个季度要有 20 个晚上在舞厅里举办讲座。有一个季度刚开始时，我忽然接到饭店经理打过来的电话说舞厅租金涨价了，是以前的4 倍。接到这个电话时，我都已经把入场券印好发出去了，而且还贴出了通告。这突然多出来的租金我当然不想付，可是告诉饭店经理我不愿意付这笔增加的租金有什么意义呢？他只对他们的租金感兴趣。

过了几天，我去见饭店经理。

"接到你的电话，我有点吃惊，"我说，"不过，我根本没有怪你。要是我处在你的位置上，可能也会打出这样的电话。作为饭店的经理，你要尽可能地增加收入。如果饭店经营亏损，你会被老板辞退的。但是，你现在要是坚持增加租金的话，我们不妨拿出一张纸来，列出这其中的利弊。"

于是我取出一张信纸，在中间画了一条线，左边写上"利"，右边写上"弊"。接着我把"舞厅空下来"这几个字写在"利"的下边，之后说："你将舞厅租给别人举办舞会或开大会，比把它租给我们用作课堂，收益可能会更大。如果一个季度里有20个晚上我都占用你的舞厅来讲课，你当然会有一些损失。

"我们现在来考虑弊的一面。如果舞厅空下来，首先，你不仅不能从我这里增加你的收入，反而会使你的收入减少。因为事实上，你会一点收入也得不到，因为你要求增加的租金我无法支付。

"另外还有一个弊处，就是，我们开办的这些课程会吸引不少受过教育、素质高的人士到你的饭店来，这能很好地宣传你的舞厅，不是吗？你即使花费5000美元在报上登广告，也无法像我的这些课程一样，能组织这么多人来参观你的舞厅。这对你们饭店来说，价值巨大你知道吗？"

一边说，我一边在"弊"的下面写上这两项坏处，然后把它递给饭店经理："希望你能认真地考虑这些利弊，然后将你的最后选择告诉我。"

第二天，经理给我打电话告诉我，决定租金只增 150%。请注意，在这里我并没有向对方提出一点需要，就得到了我所希望的。我一直都只是在谈论对方所能得到的，以及他如何能得到这些。

想象一下，如果我像大多数人那样，满脸怒气地找到饭店经理然后指着他的鼻子问："你这是要干什么，明明知道我已经印好入场券，又发出了通知，还要增加我 4 倍的租金？这是赤裸裸的敲诈！是妄想、是做梦！不行！"

这样做的结果会怎样呢？只能是一场争论。即使他不占理，自尊心也会逼得他很难做出妥协和让步，再退一步讲，人家不租给我们了，不过就是双输罢了。

在为人处世上，亨利·福特说过一句至理名言："如果说成功有所谓秘诀的话，那就是熟悉对方的心理。"这句话不愧是名言。

几年前，我去费城一家著名的鼻喉科专家诊所检查扁桃体，检查前，他询问我从事何种职业，而对我扁桃体的情况却没有过问，他关心的是，我有多少钱；他感兴趣的是，能从我这儿赚到多少钱，并不是他该怎样治疗我。结果呢，他从我这里连一分钱都没有赚到。我不但离开了他的诊所，还留下了我对他的蔑视。

欧文梅指出："一个人如果能站在对方的立场看待问题，了解他人的心理活动，那么，任何时候你都不必担心自己的前途。"

我从这句话里得到的教益是：以别人的思考和观点来看待事物，要是你从这本书里也得到了这样的教益，你的事业发展也不会太费力。

了解别人的内心，并促使其对某种信念产生热切的渴望，其目的不是要控制这个人，驱使他去做对你有利的事情，而是提醒人们都应该在这种活动中有所获益，以获互惠双赢！

麦克·魏登曾是壳牌石油公司的地区推销员。他为自己设立的工作目标是在地区推销员中业绩名列第一，但是他现在遇到了一个难点，有一处加油站始终不与他合作。这处加油站的经理是一位老人。这位经理有一个不好的习惯，就是他从不注重加油站的清洁问题，不管麦克对其怎样劝说都无济于事，因此汽油销售额始终提不上去。多次的劝导和诚恳的交谈无效后，麦克决定邀请这位经理去参观他所负责地区内新开的一处壳牌加油站。

新加油站的设施及环境给这位经理留下了深刻印象，当麦克又一次去他的加油站时，他已经把加油站收拾得干干净净。当然，销售量立竿见影。麦克达到了目标，成为区域内业绩第一的推销员。可见，他之前对经理所做的都是无用功，但是邀请经理去参观新加油站的举措，让这位经理心中燃起了改变自己加油站形象的渴望，他达到了自己的目的。双方都成了受益者。

我的成人教育班上有一位学员，很为他的小儿子担心。他儿子因不好好吃饭，以致体质消瘦。这位学员使用了一般人惯用的办法：斥责、唠叨。

父母的这些请求孩子会知道吗？很遗憾，回答是否定的！任何有生活经验的人，都不会要求一个 3 岁的孩子对自己做出的指令都能有正确的反应。但那位父亲却希望看到这一点，所以他没能很好地解决这一问题。

最后，他也有所察觉，故而他反思说："什么是我儿子想要的？我怎样才能将自己的需求变成儿子的需求呢？"当想到这点时，无疑，这位父亲想要解决的问题，已经解决了一半。就像威廉·温特尔所说："自我表现是人类本性中最关键的因素。"

尊重并承认他人的价值

我来到纽约的一家邮局，要寄一封挂号信。排队时，我发现邮局的服务员都表现得心烦气躁：他们递邮票、找零钱、开收据，工作的确都很单调，长时间沉浸在这样的工作氛围中，人的情绪的确轻松不起来。

当时我就想要讲一些趣事儿让他们愉快起来，这些事最好是与他们相关的，或许赞美他们一下也可以。不过他们有什么值得赞美的呢？这把我难住了，特别是对方现在都还是些未曾打过交道的人。

过了一会儿，在他为我服务时，我真诚地夸赞他说："你的头发太漂亮了，真让人羡慕！"

这时，他抬起头来，随即笑容浮现在了脸上，他笑着说："不如从前了！"我从这位服务员的笑脸上，明白了一个道理：你希望得到对方怎样的对待，你就该怎样去对待对方。

没有人不希望与自己接触过的人都真心地欣赏自己，但要在他人的身上寻找到自我价值，你必须要先承认他人的价值。但愿我们都能共同遵守这则人际交往的铁律：欲取先予。

例如，我向服务生要了一份法式煎土豆，但她端上来的却是煮土豆，对此，我们如果这样说："啊，对不起，要麻烦您了，我点的是一份法式煎土豆。"

她马上会说："没关系，这是我的职责。"而且她还会很快地将煎土豆送过来，理由很简单，因为她得到了你的尊重。

"麻烦您""谢谢"这些听上去很简短的话，却能够避免人与人之间大部分的纠纷，同时，还能体现出一个人的高贵人格。

著名的小说家柯恩出生在一个铁匠世家，一生受过的教育总共不超过 8 年，但在告别人世时，他几乎成了最富有的作家。

原来，柯恩非常喜欢诗歌，一直在学习罗赛迪的诗，还写了一篇文章热烈赞美罗赛迪的诗歌如何有文采如何美，并把它寄给了罗赛迪。罗赛迪看到之后很高兴，说："这个年轻人对我的作品有这样的评价，他一定很聪明。"

不久，柯恩就被罗赛迪请到伦敦，做了他的私人秘书。此后，柯恩得以有机会结识许多英国的大文豪，并得到他们的悉心指导。很快他也有了些名气，写作生涯就此开始。

柯恩是格利巴堡人，现在那里已经成为一个旅游胜地。要不是当初柯恩写下那篇赞美诗人罗赛迪的文章并寄给他，他的一生可能只是一个普通人，而如今，他的遗产总额高达 250 万英镑。

罗赛迪当然觉得自己是个很重要的人，这丝毫也不奇怪，几乎每个人都有这样的心理，觉得自己举足轻重。莎士比亚说："人啊，骄傲的人，仅凭自己一点点的自信，就在上帝面前显示，天使也会因你而惭愧。"

在我的讲习班里曾经有 3 位学员都是利用这种交际原则，收到了非常好的效果。

康州的律师罗伯特先生是我们培训班的一位新学员。有一天，他和妻子开车去长岛拜访妻子的姑妈，妻子安排罗伯特陪着姑妈聊天。罗伯特也正想在生活中运用在学习班学到的知识，以便将来写论文方便一些。

"这栋房子是 1890 年建造的吧？"他问姑妈。

"是，"姑妈回答他，"就是那一年。"

"它让我想起我出生时的那栋房子了，"他继续说，"它特别漂亮，建造的质量也非常好。但现在的人们似乎不再看重这些了。"

"是啊，"姑妈似乎也有些感慨，"现在的年轻人不在乎住房的美观，他们要的只是一套房子、一台冰箱，外加一辆汽车，仅此而已。"

这时两人都沉浸在怀旧的气氛中，姑妈接着说："说实话，这是一栋非常理想的房子，它还颇有些故事呢。我和丈夫为此梦想了好多年，后来我们没有请建筑设计师，完全按照自己的构想来营造。"

姑妈领着罗伯特参观了每一个房间，还让罗伯特观赏了她和她丈夫的收藏品。而罗伯特对其收藏的法国床、英国茶具、意大利名画，一边看一边给予诚挚的赞美。

参观完房间后姑妈又带他去参观车库，以及一辆几乎全新的派凯特牌汽车。

"这是我丈夫离世前不久买的，他死后我就再也没有开过它。我现在就把它送给你，因为你是懂得欣赏的人！"姑妈说。

这让罗伯特感到非常意外，他婉转地谢绝道："姑妈，您的好意我心领了，这礼物实在是太贵重了，我不能接受，而且我已经有一辆车了，您还有很多别的亲戚，我相信他们会需要它的。"

"不要提亲戚了！"姑妈大声说，"是有不少的亲戚，但他们都在盼着我早点死，然后就能够得到车了，但是我不会给他们。"

"姑妈，要是您不愿意送人，卖掉也可以啊。"罗伯特又说。

"卖掉？"姑妈又叫了起来，"我是会卖掉它的那种人吗？我见不得陌生人在街上驾驶着我丈夫给我的礼物来糟蹋！但我愿意给你，因为你了解它！你也会爱惜它，对吧？"

我们现在来分析一下这位老太太的心理。她孤身一人住在偌大的房子里，屋子里那些贵重的陈设是这里曾经繁华的明证。昔日的她漂亮迷人，倾倒过无数年轻人。

如今这位女士老了，孤苦伶仃，没有人再关注她与她的房子了，她多渴望仍有人来关注她，可是哪怕是一丝真诚的赞美都没人再给予她。但当她突然得到罗伯特真诚的赞美时，就仿佛遇到了一个真正懂得自己并能与之倾诉的人，她很激动，进而有了要赠给罗伯特这辆"派凯特牌"汽车的念头。

园艺设计家迈克乌霍经历过这样一件事：

在我听了"如何交友和影响别人"的演讲后，我着手帮助一位著名的法官设计园景。我们研究了园景的设计方案后,我对法官说:"你那几条狗太可爱了,我还听说,你在很多次赛狗会中赢得了蓝丝带优等奖状。"法官告诉我:"确实,我非常喜欢狗,获奖也是真的,你是否有兴趣看看我的狗舍?"

于是,我跟着他去看了他的狗以及他的狗为他赢得的那些奖状。他还拿出这些狗的家谱,为我讲解每条狗的血统来源,这些狗都十分可爱。

最后,他问我是否有孩子,我告诉他:"有,是个男孩。"

他之后又问:"你儿子是否喜欢小狗?"

"喜欢!"我说。

"太好了,那我送他一条。"法官说。

接着他教给我该如何喂养一条狗,一会儿,他又说:"我这样说,你可能会记不住,让我替你把它们写在纸上。"于是他进到屋里,用打字机打出一张纸,详细介绍了喂养那条小狗的知识。结果是,他不但送给我一只价格昂贵的小狗,还搭上了一个多小时的宝贵时间。我认为,那是我对他的兴趣和成就表示赞美的结果。

最后,我们来看艾达森的亲身经历:

伊斯曼是柯达公司的总裁,他发明的透明胶片,让活动电影的摄制取得了真正意义上的成功。

许多年前，伊斯曼打算在洛贾德修建伊斯曼音乐学校和凯本剧场，以此纪念他已离开人世的母亲。艾达森是纽约俊美座椅公司经理，他得知这一信息后，想揽下该剧场里的部分工程，于是给建筑师打电话，约好一起去见伊斯曼。

一到那里，建筑师就对艾达森说："我知道你的目的是想获得剧场座椅的订货合同，但要告诉你的是，伊斯曼的工作非常忙，他为人也很严肃。假如你耽搁了他5分钟以上的时间，这笔生意就算是泡汤了。另外我还告诉你，他的脾气也很难伺候，所以，你与他谈生意要开门见山，避免啰嗦，接着迅速离开他的办公室。"

艾达森被带到一间办公室，此时的伊斯曼正埋头处理文件。见有人进来，他抬起头，摘下眼镜，对他们说："早啊，两位有什么事？"在建筑师做过介绍后，艾达森说："我很羡慕你的办公室，伊斯曼先生。要是我拥有像你这样的办公室，我也一定会乐于在这里面工作。虽然我是从事室内木工行当的，但从来还没有见过如此漂亮的办公室。"

"嗯，谢谢你的夸奖！但要不是你现在提起它我几乎忘了，这间办公室确实很漂亮！它刚布置停当时，我就非常地喜欢。但我好久没有注意到它了，倒是你提醒了我。"伊斯曼回答说。

接着，艾达森走到墙边，用手轻敲壁板，说："啊，这难道是英国橡木？和意大利橡木的品质差异不大。"

"你是个行家，这的确是英国进口橡木，它是我一位专门研究橡木的朋友替我精心挑选的。"伊斯曼告诉他。

接着，伊斯曼带着他参观自己的室内设计。在一扇窗前，伊斯曼告诉艾达森，他要给洛贾德大学和公立医院捐一些钱，尽一些对社会的义务。艾达森称赞这是一大善举。伊斯曼还打开玻璃橱窗的小锁，取出他买的摄影机来，这是他的第一架摄影机，是从一个英国人手里买的。

艾达森请教伊斯曼当初是如何走上奋斗之路的。伊斯曼向他讲述了自己小时候的故事。他父亲早逝，母亲依靠出租房屋操持家业。他则在一家保险公司工作，每天只有 5 美分的收入。困苦中，他发誓要创出一番事业，出人头地。

艾达森又问到其他一些话题，伊斯曼滔滔不绝地说，他则在一旁听。伊斯曼说起一段往事："那时，我整天泡在实验室里做实验，有时一待就是几个昼夜……"

那位建筑师在艾达森进入伊斯曼办公室前最多待 5 分钟的提醒早已过去，现在已经有一两个小时的时间了，他们还在谈论，非常融洽。

"我上次去日本的时候买回几张椅子，把它们放在了家里的阳台上，上面的漆因为阳光暴晒都掉了，我自己将它们漆了一遍。你是否有兴趣看看那几张椅子？你到我家来，我让你看看，我们还可以一起吃个午饭。"伊斯曼最后说。

用完餐，伊斯曼真的将漆好的椅子拿出来给艾达森看。这些椅子在艾达森看起来每张至多值 2 美元，而著称全美的富豪却认为它很好，毕竟那是他亲手所漆。两个人就这样很快从陌生人变成了老朋友！

于是，艾达森轻轻松松地拿到了 9 万美元的订单。

第三篇

保证家庭和睦

一定不要唠叨不停

潘多拉魔盒，恶魔的承载者，一旦开启，种种灾祸蜂拥人间。但谁都不会想到，在这种种的灾祸之中，"不停地唠叨"首当其冲。它破坏爱情，它在幸福的家庭里渗透剧毒的鸦片，让人间上演一幕幕的婚姻悲剧。可见，不停地唠叨是婚姻悲剧的始作俑者。

拿破仑三世是拿破仑的亲侄子，却倾心于西班牙没落贵族家庭的女伯爵欧仁妮·德·蒙蒂诺。拿破仑三世门第显赫，手下大臣们都觉得这桩婚事门不当户不对，都持反对意见，拿破仑三世却听不进任何劝谏，并当着所有大臣的面宣称：

欧仁妮是我挚爱的女人，她的无上美貌和青春活力，深深打动了我，我的心时刻都在为她而燃烧，我已选定她作为我的夫人。你们任何人都休想破坏我的爱情，即使全天下的人都与我对立，我也不会屈服！

没过多久，拿破仑三世就与欧仁妮步入了婚姻的殿堂。看起来，他们的婚姻不乏幸福的底色。为了能让欧仁妮坐上皇后的宝座，拿破仑三世简直费尽心机。但是很快，拿破仑三世就发觉，他虽然贵为帝王，也有无能为力的地方：面对一直唠叨不停的欧仁妮，他简直束手无策，这一切在预示着一种不祥的结局——他们耀眼的爱情之花恐怕就要凋谢了。

还有一点不能为拿破仑三世所接受的是，欧仁妮从不听拿破仑三世的告诫，随意进出他的办公室，哪怕拿破仑三世正召开高级政务会议，欧仁妮也会无视他的权威，擅自闯入唠叨个没完，干扰了拿破仑三世的政务工作。此外，欧仁妮还总是担心拿破仑三世与别的漂亮女人往来。因此，她不让拿破仑三世有一丁点儿私人空间，也不让他与在她看来算得上漂亮的女人有任何接触的机会。她还经常跑到她姐姐那里哭闹，抱怨自己的丈夫。皇家富丽堂皇的宫殿有十几处，然而拿破仑三世总也找不到一个可以安静独处之处，就算待在书房，也别想有片刻清静。

到了此时，结局已经很明了了，欧仁妮亲手将这一段美好婚姻埋葬了。莱因哈特在他的著作《拿破仑三世与皇后欧仁妮：法兰西帝国的悲喜剧》一书中，有这样一段叙述：

直到后来，拿破仑三世再也无法忍受这种折磨，一到晚上，就想尽办法往外躲。走正门不方便，就偷偷地带上一名心腹随从，换上便装，由偏门"离家出走"，或是约会漂亮女郎，或是闲步巴黎行人稀少的街巷，暂时享受一下无人打搅的安宁。

欧仁妮的悲剧是她亲手酿就的。尽管她美艳不可方物，并当上了"母仪天下"的皇后，但她却没能有个快乐结局。也许她永远都不会明白：无论她拥有多么美丽的容颜，或是她手中握有多么尊贵的法兰西王后的权杖，都不可能令爱情之花长开不败。于是，她逢人便哭诉："主啊，为什么越是我所担忧的事越是降临到我的头上呢？"他们这场婚姻圣火的熄灭，让后世慨叹不已。然而，欧仁妮却从始至终都没有自我反省过，她永远都不会知道，是她糟糕的陋习——唠叨个不停断送了她的幸福。

在俄罗斯大文豪托尔斯泰弥留之际，他的夫人也明白了婚姻的真谛。但一切已悔之晚矣，她的丈夫托尔斯泰不可能像其伟大的著作名《复活》一样重返人间。当她在儿女面前，为自己对家庭所犯罪过忏悔时，儿女们纷纷痛哭失声，他们明白，父亲正是因为难以忍受母亲的不停唠叨，才过早地离开了他们。

原本，就托尔斯泰和他夫人所具备的婚姻基础而言，他们拥有所有幸福婚姻的必备要素。托尔斯泰是一位声名显赫的伯爵，《战争与和平》和《安娜·卡列尼娜》等著作更是为他在俄罗斯乃至世界文学史上赢得了至高的地位。单是他的一些只言片语，也被众多追随者们奉为经典。他的小说、散文和语录被政府连续不断地出版，他的显赫地位和家庭财富为许多人所羡慕。托尔斯泰夫妇还拥有了他们最为宝贵的财富——几个纯真可爱的孩子。

他们的婚姻似乎太过美满，受到了上帝太多的眷顾。如果不出意外，托尔斯泰夫妇的晚年生活必然是幸福美满的。但是，出人意料的是，托尔斯泰的性格悄然转变，竟渐渐变成了一个不可理喻的人。这位大文豪开始自我忏悔，他认为对于人类生活而言，他的作品毫无意义，于是，他皈依基督教义，把原本用来写作的精力全部用于抄录宗教的宣传手册，倡导博爱，宣扬和平，立志于灭除人类战争与困苦的根源。再后来，他把家中大笔的钱财布施出去，而他自己则过起朴素、清苦的生活。他饰演起了农民、渔夫、修鞋匠、清洁工等角色，垂暮之年离家出走，最后病逝于一个小火车站。

对于这个原本殷实幸福的家庭来说，究其婚姻不幸的根本责任，理应归咎于托尔斯泰的妻子。这位伯爵夫人奢侈成性，爱慕虚荣，崇拜金钱且有着无法满足的欲望，总想让丈夫用写作替她赚取更多的金钱。而托尔斯泰则淡泊名利，崇尚质朴，憎恶资本主义财产的私有化。

正因为此，他放弃了 1881 年以后的著作权。他们夫妻之间个性与意识的不同，导致他们的矛盾愈演愈烈。自命清高的伯爵夫人非但丝毫不懂得体恤，反而时常抱怨甚至谩骂自己的丈夫，而修养颇深的托尔斯泰对此一直置之不理。如此一来，非但没能让这位伯爵夫人有所收敛，反而更加助长了其歇斯底里的性情。有时，她会撒泼在地板上打滚哭闹，甚至手握整块鸦片扬言要吞下去，或是威胁说："如果你不顺我心意的话，我就跳井自杀，不信我现在就死给你看！"

这是怎样的一种生活啊！托尔斯泰却在这种糟糕透顶的家庭

氛围中，忍气吞声地度过了 48 个年头，直到再也无法忍受。

有一天晚上，年迈的伯爵夫人想重温旧情，她找出 50 多年前托尔斯泰写的情感日记，趴在托尔斯泰面前，请他读给她听。托尔斯泰接过日记，用颤抖的声音读完的刹那，相守几十年的老夫妻，沉浸在昔日的恋爱回忆中，不禁抱头痛哭。此时婚姻的不幸与昔日恋爱的柔情蜜意，竟然显得如此泾渭分明。

1910 年，托尔斯泰已是 82 岁高龄的老人，他难以负载他们的婚姻重负，同时似乎感觉到了上帝的召唤，自己行将远行。十一月一个风雪交加的夜里，老托尔斯泰步履艰难地走出家门。不久，他病倒在一个火车站里，经医生诊断，他患上了很严重的肺炎，对于一位日薄西山的老人而言，生命已是时日无多。但是托尔斯泰拒绝其夫人来为自己送行，1910 年 11 月 7 日，一代文学巨匠与世长辞，此时距他离家出走，只有 11 天。

托尔斯泰去世后，他的妻子懊悔不已，她说："我想，我的确是患上了歇斯底里的毛病！"这位可怜的伯爵夫人，直到此时她才觉察到，正是她的不停唠叨、抱怨迫使自己的丈夫踏上了不归路。或许，也有人要为这位可怜的女士鸣不平。作为伯爵夫人，她确实有权利在某些方面坚持自己的生活方式，处事不必一味地依别人的眼色行事。然而，不停唠叨、抱怨确实在极大地伤害着家庭的和谐，谩骂与抱怨更会给紧张的夫妻关系火上浇油。

可以说，欧仁妮与托尔斯泰的妻子相似的境遇，正印证了婚姻问题专家的看法。

海勃格曾就职于纽约民事法庭，他用了 11 年的时间研究了数千起夫妻离异案件的卷宗，得出了令人信服的结论。海勃格指出，夫妻关系中妻子过分的唠叨和抱怨，甚至漫骂是促使丈夫离家出走的首要因素。《波士顿邮报》也曾载文："女人们总是不停地唠叨，这无疑是在自掘婚姻的坟墓。长此以往，她们婚姻的破裂将不可避免。"

不要强迫对方改变

詹姆斯曾经说过:"人与人相处,首先要学习相处的方式,以互不干涉、互不伤害、互相愉悦为技巧,因为这些技巧不会和我们的生活产生不可调和的矛盾。"

"在人生的旅途中,我难免会误入岔路和弯路,但在爱情和婚姻的道路上,我必坚定前行。"这是英国杰出的政治活动家迪斯累里的一句名言。

迪斯累里在35岁时还没有组建家庭的打算,公众都认为他可能会终生独身。谁料,35岁一过,他出乎所有人意料,对一位名为恩玛莉的贵妇展开了强烈的婚姻攻势。可令人不解的是,这位贵妇除了富有,简直让人再也想不出追求她的理由了。她比迪斯累里整整大了15岁,头发已经灰白,相貌平平,而且还是一个寡妇。人们不禁对此产生怀疑:高贵的迪斯累里究竟是看重金钱,还是爱情?其实,就连这位单身贵妇本人,那时也看不清他到底有多爱她。为此,恩玛莉决定观察一下迪斯累里的德行再作打算，于是她要求迪斯累里再等一年时间。可还没等一年考察期满，他们就闪电般地结婚了。

事实上，恩玛莉本人并不算聪明能干，也没有受过正规系统的教育，她分不清希腊城邦与罗马帝国在历史上的先后顺序，就连那些最常见的英文单词，她也不知道它们的正确读音。这的确是一件尴尬的事。但她并非一无是处，也有非凡之处，尤其在料理家务上更是胜人一筹，她挑选衣服的品位独特，对家居装饰同样别出心裁。在家庭生活中，她是一个天才，她懂得如何让丈夫过得舒心，如何与丈夫共享家庭欢乐！

恩玛莉从不试图与丈夫在智慧上争高低，更不会在丈夫面前耍小聪明。迪斯累里在躲不开的社交场与那些狡猾的公爵夫人们周旋，已是殚精竭虑，回到家时身心俱疲。这时，恩玛莉就会用女人特有的方式帮他恢复元气。恩玛莉会谈起一些生活琐事，在闲谈中融入爱意与温柔。每当此时，家庭便成了这位大英帝国杰出政治家的温馨港湾，而这样的氛围也总能让他迅速恢复元气，变得生机勃勃。每当他从众议院的大厅回到家，总会兴致勃勃地与妻子分享又颁布了哪些法令、内阁又有哪些成员更替等重要消息。在这方面，恩玛莉当然提不出什么有价值的建议，可她对丈夫充满了敬重与信赖，坚信他必定能在政坛干出一番事业。她为丈夫的政治生命源源不断地输入勇气与信心。

1868 年，迪斯累里还只是一个政治活动家，并没有担当任何政府职务，他就以非常委婉的方式请求英国女王册封恩玛莉为毕根菲尔特女爵，并最终促成此事。这让迪斯累里和恩玛莉夫妇共同享受了 30 年既体面又幸福的生活，自他们成婚以来，恩玛莉一直是迪斯累里生活的佳侣和灵魂的知音。恩玛莉的财产不仅让他们衣食无忧，还为迪斯累里的仕途铺就了一条坚实之路。所有这一切都让迪斯累里深感满足，恩玛莉去世后，迪斯累里理所当然地被晋升为伯爵。

在迪斯累里与恩玛莉的相处中，他从未试图改变恩玛莉，尽管她在大众面前思想显得有些匮乏。但若是有人借此嘲讽或讥笑恩玛莉，他会怒不可遏，立刻毫不留情地回击以极其犀利的言语，令对方敬畏退缩，从而成功维护妻子的声誉。

如前面所说，恩玛莉并非完美女性的化身，但在长达 30 年的婚姻生活中，迪斯累里时常以亲身经历告诉他的亲人、同事和朋友："真是难以置信，恩玛莉从来没让我有过半点厌烦的感觉。"迪斯累里也从不避讳有人说他从妻子那里获得了什么利益的言论。在一本杂志中，登载过迪斯累里的一段话：

事实的确如此，据我自己所知，还没有哪个男人从他妻子那里获得过比我还多的利益。在我青年时，她就是我的偶像，并总能为我指点生活中的一些不足。成为我的妻子后，她每一英镑都精打细算、谨慎理财。她毫无怨言地为我打理生活中一切，并为我创造了此生最大的财富——5个活泼可爱的孩子。她自始至终在为我们的家营造着安宁和谐的氛围。如果有人认为我是一个成功者，那么，首先要感谢的是我的妻子！

同样，在朋友、家人与公众面前，恩玛莉一直都表示自己生活得很快乐，而最重要的原因就是她嫁了一个好丈夫。她不厌其烦地在外人面前赞美她的丈夫，感谢他的厚爱，她经常在沙龙上说："朋友们，如果说人生是场大剧，我一直都在饰演着喜剧的主角。"

至今，大不列颠这片土地上还流传着他们夫妻间的一次诙谐对白：

"亲爱的，你是不是至今还蒙在鼓里，我只不过是贪图你的财富才娶了你。"迪斯累里调侃地说。

恩玛莉笑着回答道："是的！亲爱的，我并没有察觉。但假若还有来生，你一定还会为了爱情娶我，而不是财富！"

迪斯累里微笑不答。

詹姆斯曾经说过："人与人相处，首先要学习相处的方式，以互不干涉、互不伤害、互相愉悦为技巧，这些技巧不会和我们的生活产生不可调和的矛盾。"

谨慎批评他人

狄克斯是英国一位著名的婚姻问题专家，他对婚姻问题的理解可谓至为透彻，他指出：在已婚的家庭中，多达半数以上的家庭生活并不幸福。很多浪漫伴侣最终劳燕分飞，个中原因只是由于家庭中充斥太多毫无意义的责备和批评。

在英国的维多利亚时代，迪斯累里与首相格拉斯顿是两位杰出的政治家。他们几乎每次在公众场合碰面，都要剑拔弩张地激烈辩论一番。但在相互较量的过程中，他们彼此尊重相互敬畏，并且他们各自的婚姻生活也都十分幸福。

格拉斯顿和他的妻子相濡以沫走过了 60 年的欢乐时光。人们可以想见这位英国前首相与夫人共同生活的情景，或是围着壁炉回忆过去的时光，或是在地毯上相拥起舞。格拉斯顿位高权重，是当时英国政坛的领袖人物，可回到家，他就变得柔情脉脉，只当自己是男主人，绝不会把政务上顺心或烦心的事带回家来，影响到家人的生活。

　　格拉斯顿的习惯是清晨醒来时就下楼享用早餐，而此时，他的家人还在睡梦中。用完早餐，他通常会在自家门前高歌几句，所唱的歌曲多是些充满力量、古老的赞美诗歌。他这样的习惯可谓一举两得：

　　一方面，自己的肺活量得到了锻炼，在公众场所演讲时底气更加十足；另一方面，则以十分温和的方式提醒家人"亲爱的，你们该起床啦！"职业习惯使然，让他在家中仍体现出外交中的怀柔政策。他是如此善解家人，这样做一方面避免了自己对家人的责难，另一方面也减少了家人对自己的批评。

　　一直被人们称为"女魔""暴君"的俄罗斯女沙皇叶卡捷琳娜二世在家庭中却也是一位温文尔雅的人。作为俄罗斯帝国的最高统治者，她统治着世界上疆域最广大的国家，有令千千万万臣民俯首听命的权力，她发动过不义之战，用火枪处决了数十名政敌。但如果她的御厨烤肉的火候过了，甚至难以下咽，她却从不责备，而会若无其事地把肉吃下去。

　　婚姻问题专家狄克斯指出，在已婚的家庭中，多达半数以上的家庭生活并不幸福。很多浪漫伴侣最终劳燕分飞，个中原因只是由于家庭中充斥太多毫无意义的责备和批评。

发自内心地欣赏对方

　　无论什么样的婚姻，要永葆其幸福、生活和美，让爱情
经久不衰，最有效的做法就是永远发自内心地欣赏对方。

　　鲍本诺是洛杉矶家庭问题研究所的负责人，他曾发表过一
篇论述男人选择配偶标准的文章，其中有这样一段论述：多数男
士选择配偶的最重要标准并非要求对方一定是白领，他们宁愿选
择那些对自己具有诱惑力、愿意奉承他们，能增强他们优越感的
女性。

　　比如，一位男士邀请一位女白领共进午餐，倘若这位女士
在餐桌上大谈特谈她大学时学到的哲学知识，那么很可能，她
不会再有第二次机会。反之，公司里一位长相与学历平平的女
秘书应男士之邀共进午餐，如果她总是用温柔的目光注视着男
士并认真倾听男士的言语，午餐结束后还会补上一句"你今天
的故事真是让我大开眼界，真希望还可以有这样的机会"。这样，
她会赢得他的喜欢和赞美，也会因自己的可爱在对方眼里变得

美丽起来，对方会说："我所认识的女性中没有人比她更温柔体贴。"

另一方面，每位男性也都应学会欣赏女性的艺术天赋及爱美之心。细心观察女性，有助于男性了解她们是如何在竭尽全力地装扮自己的。比如：一对男女在路上偶遇另一对男女，这时不需要任何提示，两位女士必定会首先注意到对方的装束，而不会在意她们的身边还有两位男士的存在。

在我的祖母 97 岁那年，我们拿给她一张她 30 岁时的照片。这时她的眼睛已经昏花，已看不清照片上自己的模样。但她依然这样问我们："我那件衣服漂不漂亮？"她的话在我心里留下了极深刻的印象和联想——这位年事已高、甚至连生活都已无法自理的老人，只能靠别人的服侍来度过她生命里最后的岁月，可当她看到自己年轻时的照片，关注的仍是当时的衣着。这说明女人的爱美之心有多么强烈啊！

然而，对于绝大多数的男士来说，恐怕对 5 年前自己穿过的衣服都早已没有一点印象了吧。他们不会记得自己穿的是衬衣还是休闲服，而女性则截然相反。在法国有专为贵族男子开办的培训班，教他们如何欣赏女性的衣着。很多法国男人选择参与培训，足以说明它肯定有其合理之处吧。

我听过一个小故事，故事可能是虚构的，但颇有启迪作用：

> 一位农妇在田里辛劳一天回到家，可她连丈夫的一句好话都没有听到，于是她出门割了一捆稻草，回屋后扔到了丈

夫面前。"你是不是疯了？！"丈夫大声地对妻子吼道。这位农妇回答道："今天你怎么发现我疯了？我累死累活地辛苦了20年，也为你做了这么多年的饭，可我从没有听你说起过你们男人胃里装的不是草呀！"

在俄罗斯的莫斯科、圣彼得堡的上流社会中，曾流行过这样一个风俗：当贵族们享用完奇珍佳肴后，为了展示自己的修养，他们会把厨房里的厨师召集起来，为他们祈福一番。那么，男性为什么不能在妻子面前展示一下自己的修养呢？如果鸡肉被妻子烧得香酥可口，为什么不能夸她几句："亲爱的，你的手艺可真棒！"毕竟女人都喜欢听赞美的话啊。

从社会的各阶层所组建的家庭来看，爱情与婚姻都无异于一场好莱坞的豪赌，即使是资力雄厚的伦敦劳慈保险公司也不敢轻易为大牌明星们的婚姻问题作保。但好莱坞的确也有几桩罕见的幸福婚姻案例，其中奥得莱尔就是一个典型。他的夫人梦黛莉曾在好莱坞大红大紫。后来，梦黛莉放弃了银幕上的锦绣前程，选择了爱情和婚姻。当然，她的牺牲也为一个幸福美满的家庭做好了铺垫。奥得莱尔说：

的确，在和我结婚后，她就彻底与银幕告别了，远离了从前舞台下面数不尽的粉丝和疯狂的掌声与叫好声。然而，还有我在不遗余力地为她鼓掌，毫无保留地给她叫好。当然，现在已不是为了她的演技，而是为了我们纯真的爱情。

只有拥有了丈夫发自内心的赞赏，才能切实地用家庭生活的幸福感动妻子。这同样也是男士自身获得幸福快乐的途径。

无论是什么样的婚姻，要永葆其幸福、生活和美，让爱情经久不衰，最好的方法就是永远发自内心地欣赏对方。

134

婚姻中没有细枝末节

其实，在现实生活中导致许多婚姻破裂的原因，并不是人们所认为的一些重大问题，而恰恰是生活中一些"微不足道"的"鸡毛蒜皮的小事情"。

鲜花一直都被当作爱情的象征。但平时，男人们很爱自己的妻子，却极少买花给妻子，即使它并不昂贵。这给妻子们造成一个错觉，她们还以为所有的鲜花都像兰花一样价格高昂，甚至像仙草一样价值连城。而事实上，在鲜花盛开的时节，廉价却象征着爱情的各种花卉在街头巷尾随处可见。而你是不是非要等到你的妻子病入膏肓，才想起买束鲜花给她呢？今天晚上你为什么不可以就把一朵象征爱情的玫瑰带回家？难道你不愿意看到你的妻子对你报以妩媚和温柔的笑靥吗？

在纽约百老汇，有一个叫查理的大忙人，尽管他每天都忙得不可开交，但他一定会抽出时间给母亲打两次电话，这个习惯一直坚持到他的母亲去世。对此人们都猜测说，他在电话里向母亲讲述的一定是务必要告知的事情。然而事实并非如此！他在电话中跟母亲说的无非就是这几个字："妈妈，我爱你！"这种真情的流露，只是通过细节给对方传递一种信息：你爱她！你时刻都在牵挂着她，你非常关注她的快乐和幸福。

一般来说，有两个日子是女性们比较关注的，一个是自己的生日，另一个就是与丈夫的结婚纪念日。探究其心理，这似乎源于女性与生俱来富于罗曼蒂克的神秘梦幻的内心。鉴于此，男人们在其他诸多事情上都可以无所谓，但对妻子的生日和结婚纪念日绝对不可以马虎。否则，可能会严重地伤了她们的心。

事实上，在现实生活中导致许多婚姻破裂的原因，并不是人们所认为的一些重大问题，而恰恰是生活中一些"微不足道"的"鸡毛蒜皮的小事情"。

理查德·菲勒是芝加哥法院的法官，经他处理的离婚案件有几万例，曾挽救过 2000 个家庭。他说："多数的离婚案件并没有非离不可的案由，而非离不可的'致命理由'实际上都是生活中的小事情。例如，每天早上丈夫出门工作，多数情况下是在为家庭而奔波操劳，倘若妻子对此并不理解也从不关心，久而久之，矛盾就无可避免。"

加西亚·罗宁夫妇婚姻的挚爱持久，在诗歌史甚至世界文学史上都光彩夺目。不论有多劳累，加西亚·罗宁都会用尽最美好的语言作为对妻子伊丽莎白·巴雷特·罗宁的赞美，并对她体贴入微。他时刻不忘辛勤浇灌着爱情之花，身为残疾人的妻子深深为他所感动，他也因他们的爱情点燃了自己。在加西亚·罗宁寄给姐妹们的一封信中，他这样写道："不知不觉地，我发现，说不定上帝是派我来做一个安琪儿的！"

其实，这些都是生活中一些极其重要的细节，只是不被太多的男人所重视，同时被忽视的还有许多家庭小事的价值。麦道克斯在他的一篇文章中这样提倡道："存在于美国家庭中的某些陋习必须得到改变，还要确立一些新习惯。比如在床上享用早餐就是一种不良的放荡做法，许多女性想不离开床就尽情地享用早餐是多么的堕落。这其实正对应了私人俱乐部对于男人难以抵挡的诱惑。"

幸福、美满、长久的婚姻是由一组组生活细节做基础的。如果我们忽视细节，婚姻的基础就不够牢固，同时为家庭破裂埋下伏笔。在伦敦，法院每隔 10 分钟就会受理一桩离婚案件，法官们每天忙得焦头烂额。如果你认为造成婚姻灾难的一定是那些巨大的命运暗礁的话，那你就错了：如果你有机会听听那些倒霉的夫妻们的诉说，就会知道正是生活中一些细枝末节让他们失去了彼此。

当我们把一些生活事实了解至此，我想我有必要提醒你拿一把剪子，剪下下面这段话，贴在你的帽子里或镜子上。这样，在你每天早上剃胡须时都可以重温一下，时时提醒自己：

　　已经发生的事情，也许难以挽回。我们要引以为戒：从今往后，凡是自己完全能够承担，又有利于他人的事情就立刻行动，绝不拖延。毕竟覆水难收，悔之无义。

　　综上所述，绝对不要忽视婚姻中的小事情。

维护家庭内部的礼仪

荷兰人有一个约定俗成的习惯，就是无论何时回到家准备进门之前，都要把鞋脱在门外再进屋，意在避免把每天工作中的抑郁或焦躁带回家，他们的这种意识可以供我们借鉴。

美国的著名演说家瓦特·邓路芝与美国的著名政治家、曾是美国总统候选人之一的詹姆斯·布雷恩的女儿一见钟情，双双坠入情网并很快步入婚姻殿堂。他们夫妻历经多年的生活考验，依然情深意笃。有记者就婚姻家庭问题，对邓路芝夫人进行了采访。她这样告诉记者：

其实婚姻是一种既娇弱又挑剔的组合，需格外小心谨慎才能将它处理好。除此之外，对于婚后的家庭礼仪问题也不能掉以轻心，也就是说要给予自己的丈夫和素不相识的人同样的尊重！夫妻之间的礼仪问题是特别重要的，务必相敬如宾。带刺的花朵，会让男人们退避三舍，敬而远之。

在家庭中缺乏必要的相互尊重是一剂婚姻的腐蚀剂，不断腐蚀着爱情。在这一认识上，也许任谁都不会反对。我们常犯这样的错误，对待素不相识的人彬彬有礼，对待自己的亲人却横眉冷对，甚至会说："哎哟，你又在那里废话连篇！"也会为一点点鸡毛蒜皮的错误，而不停地指责自己的亲人。

有时令我们深感痛心的是：那些令我们伤心不已的埋怨、谩骂声，往往出自最亲密的人之口。尽管这些并非出自我们的本意，但的的确确是我们在伤害着自己的亲人。

《早餐的独裁者》是一本很受美国家庭喜爱的书，这本书的作者奥利佛文德尔·何姆斯本人非常顾及家人，与书中的主人公没有一点相同之处。如果遇到什么不顺心的事，他会独自承担压力，从不会将自己的苦闷和怨气宣泄给家人。生活中有很多人在公司受到了上司的训斥，或是经商遇到了麻烦，乘公交车时与人发生争执，都会回到家拿家人出气。荷兰人有一个约定俗成的习惯，就是无论何时回到家准备进门之前，都要把鞋脱在门外再进屋，意在避免把每天工作中的抑郁或焦躁带回家，他们的这种意识可以供我们借鉴。

威廉·詹姆斯是《人类的某种盲目》一文的作者，他在文中说："本文的价值和意义是要找到我们人类情感的误区，因为我们无法把握动物的情绪。而我们产生痛苦的根源正是来自这一认识的误区。"比如说，大多数的公司管理人员在面对公司股东或客户时，都会竭力控制自己，不让他们有丝毫不悦，但对自己最亲密的人却会像怒狮那样大呼小叫。他们竟弄不明白这样一个浅显的道理：个人的人生幸福真谛，首先在婚姻家庭，其次才是工作事业。

寡居的天才远没有婚姻美满的普通人快乐。德琴尼夫是俄罗斯一位家喻户晓的小说家，他有过这样一番精彩的论述："如果能有个女主人在家里等着我，并且很在意我是否回家吃饭，那么我情愿抛弃我所写的一切，而所谓的'天才'之名于我更是一文不值。"那么，婚姻美满的可能性究竟有多大呢？有人说，成功率低于百分之五十；但鲍本诺博士提出了不同看法：

一个男人对做一个好丈夫的渴望通常并不强烈，而对工作和事业成功的渴望则特别强烈。相比之下，只有三成男士投身杂货行当能够取得成功；而要是他与自己心爱的女性携手组成家庭，则失败的概率只有三成。

我们再来看看狄克斯的观点：

与婚姻和爱情相比，出生或死亡的时间是极短暂的，也就是说婚姻和爱情才是人生最需要重视的。对于这一点，每个做妻子的都应该明白，要求自己的丈夫营造一个成功的家庭，以求像他的工作那样灿烂辉煌，才是最现实的！而对一个丈夫来说，有一个随遇而安的妻子陪伴在自己身边，和谐、美满的家庭气息充溢心中，更胜过得到一张百万美元的支票！但遗憾的是，情真意切地要把婚姻家庭经营成功的男人，所占比例还不到百分之一。而作为妻子也总是不明白，为什么和自己关系最亲密的丈夫却不能像对待外人一样，用怀柔政策对待自己呢？对自己多一些迁就和温柔，这不但不会对丈夫造成丝毫伤害，还大有好处啊！

男人们其实都非常清楚，自己的妻子是很好哄的，只要夸一夸她其实早已过时的服装是如何靓丽，穿在她身上是如何得体、光彩照人，他的妻子很可能就不去时装店了，即使是摆满各式流行服装的时装店。

由于女人们甘于把自己完全交给丈夫，她们寄希望于丈夫能够知道，自己十分需要他的迁就和温柔。然而，丈夫们却从不以她们所期望的方式多给她们一些迁就和包容，宁愿简单直接地掏钱，让她们去购买价格高昂的时装和她们想要的其他奢侈品。女人也搞不明白，自己到底是该爱他还是恨他？因此，夫妻关系需要深化交融、互敬互爱，需要进一步维护和捍卫。

对待女性的黄金法则

　　如果要为幸福的婚姻及美满的家庭制定个标准的话，首先，夫妻双方都必须身心健康，能担负起家庭中的角色。或者说，他们能一边维护自己的权利，一边承担起自己的责任与义务。其次是在家庭中，享受夫妻之乐的权益高于其他任何权益！而这一切取决于客观现实的内在价值规律——保持合适的夫妻关系，需要夫妻双方对爱情观、价值观的交流和认同。

　　弗兰西斯·培根认为妻子和儿女并不是男人固有的私人财产，因此男人如果被婚姻所束缚到失去了应有的自由是十分愚蠢的，他们将被"随时随地都会失去的财产"夺去生命。在一些影视作品里我们可以看到，独来独往的骑士们都是自由自在，不受任何束缚的，而被婚姻捆绑的男士们则被拘束得亦步亦趋。这其实是一种偏激且片面的思想。

　　而现实情况是，独身男人相较于已婚男人行动起来更畏首畏尾，更偏好斤斤计较、精打细算。单身男人做事情无不小心翼翼，他们普遍抱有一种固执的观点——登记结婚是一种大冒险。在情场上受过挫折的未婚女性想必对此深有体会。你可能见过独身的男人们在没有风浪的情爱沙滩上闲逛，却没有见他们跃入过婚姻海洋。即使他们想把脚伸进水里，但一见凶猛的浪头涌来，也会立马逃之夭夭，躲到自认为最没有威胁的地方。

已婚的男人则绝没有这样的表现。他们会对此表现出男人的英雄本色，其豪迈毫不逊色于杰西·詹姆斯，为了赢得他们所爱之人的芳心，他们毫不吝啬地奉献自己的全部甚至生命，并努力让那个女人幸福，愿意照顾她一生。这才是培根的真正思想。所以，在婚姻之海畅游的男士们应该获得尊敬，他们所选择的是男人成年后的正确生活。他们的选择毫无值得苛责之处，我们的责任是为他们提供一些生活参考，希望能切实帮助他们成就幸福美满的婚姻生活。

关于婚姻问题，曾担任过康奈尔大学文理学院院长的雷纳·柯瑞尔博士，有过这样的评述：

> 如果要为幸福的婚姻及美满的家庭制定个标准的话，首先，夫妻双方都必须身心健康，能担负起家庭中的角色。或者说，他们能一边维护自己的权利，一边承担起自己的责任与义务。其次是在家庭中，享受夫妻之乐的权益高于其他任何权益！而这一切取决于客观现实的内在价值规律——保持合适的夫妻关系，需要夫妻双方对爱情观、价值观的交流和认同。

这也可以作为柯瑞尔博士对幸福婚姻的定义。他所提出的内在价值规律虽然不取决于人的意志，但人们可以充分认识并努力遵循这一规律。现在我把几条黄金法则列在下面，暂且以"对待女性的黄金法则"命名，为已婚男士提供与妻子共享幸福而又不被婚姻束缚的意见和建议。

第一条：对妻子要经常赞美和感谢

希望得到丈夫的赞美是妻子们的天性，而遗憾的是大部分男人却对此毫不知情，因为他们常以自我为中心，重心不在妻子身上，自然很容易忽略妻子的情感需求，认为自己和妻子结婚就给了她最大的满足。其实，丈夫只要能时常地感谢一下妻子的付出，她就会实心实意地跟随你，哪怕你失业生活困顿，她也会心甘情愿地和你同甘共苦，而绝不会抱怨你没能让她披金戴银。这些女人的天性可以证明，女人期望自己的行为能得到丈夫的夸奖，期望时常听到丈夫由衷的赞美。

其实妻子们的这种心理很容易理解，她们整天专心于家务，却并不清楚自己到底做得怎么样，毫无疑问，她们非常渴望得到丈夫的肯定、赞赏和感谢。作为男人，你不妨去研究一下你周围那些婚姻和事业皆有所成的男士，为什么他们既能享受爱情和生活的乐趣，又能拥有满意的工作？其实答案很简单，就是家有贤妻在背后支持他，为他鼓劲。你可能会认为有那样的妻子是他们的幸运，自己没有那样的好运，其实这种幸运可以创造而生，它并非天赋，更不是遥不可及，你可以通过向他们学习获得这种好运，经常去赞美你的妻子，一定会赢得妻子的芳心，同时你的妻子也会助你立于不败之地。

我和纽约某报的专栏作家罗伯·普洛先生交往很深。在事业上，他著述颇丰；在家庭中，他拥有一位好妻子，无论是在家庭还是事业方面，他都成就斐然，令人羡慕不已，因为他娶到的女人既美丽迷人又善解人意。他的妻子简直就是完美女性的化身，而她也把罗伯看作这世上最有智慧、最值得爱的男人。那么罗伯赢得妻子芳心的绝招究竟是什么？你只要看看他每本新书的扉页就知道了，那上面常有这样的赞美之语："献给我的妻子——我的挚爱、我的生命！"他就是经常通过这样的方式不断地肯定妻子的工作，并对她表示真诚的感谢。

第二条：知道什么才是慷慨

什么才是对妻子的慷慨？多数的男人认为对妻子的慷慨就是舍得为她花钱，带她购物，或者是毫不吝啬地给妻子钱。事实上，这恰恰不是你妻子所期望的慷慨大方。她更希望你把她当作恋爱中的女孩对待，经常说些类似"亲爱的，抽空把你母亲接到我们这来住一阵吧，我也很想她，我们陪她到处逛逛、散散心"这样的话就可以了。特别是在公共场合，她最希望得到的慷慨是，你能当着众人的面对她体贴入微。

那么，如何能将对妻子的慷慨做得恰如其分？你可以试着当个观察员，比如，你去观察餐厅里同桌的一对男女，猜一猜他们的关系，是夫妻还是情人。倘若男士聚精会神地看着女士吃着牛排，那么，这一对男女肯定是一见钟情的。倘若男女双方都互相献殷勤，体贴入微地关怀彼此，那么，就可以断定这对男女正在恋爱当中。

有一天，我应邀去参加一位朋友的家庭晚会。男主人本就长得很帅气，又刻意地修饰了一番，所以在宾客们面前风度翩翩，可他对同时在场的妻子却置若罔闻，好像在这个家庭里根本没有她的存在一样。他的光芒，使一旁的妻子黯淡无光。其实，他若能在此时多给自己的妻子一些关注，更能凸现出他的光辉形象，夫妻俩交相辉映。后来果不出我们意料，他们的婚姻关系从那次晚会后变得越来越紧张，处于家庭破裂的边缘。

由此看来，男士慷慨的品性不只在于肯给妻子花钱，更在于对妻子的关怀备至、体贴入微，男士们应该一直努力让双方处于恋爱气氛中，在婚姻生活中给予妻子她最想得到的慷慨大方。

第三条：保持整洁的仪表

有些男士认为只有女性才需要打扮。确实，几乎所有女性都十分乐意花费时间和金钱来用心打扮自己，让自己永葆青春、拥有魔鬼般的身材，她们这样做最主要的原因就是害怕丈夫失去对自己的兴趣。

另一方面，很多男士的个人卫生情况也让人不敢恭维。他们白天去公司上班，一整天都西装革履，但一回到家就很随便，很多坏习惯让妻子难以忍受。就算是节假日，也穿得很邋遢，不剃胡须、不洗脸刷牙、不拘小节，甚至还有时会对家人放肆地大喊大叫。这样的男人，他大概是中了老天爷设立的六合彩，才有人愿意嫁给他。他或许从来不会去了解，妻子对于他在家庭中的要求并不高，只不过要外表清爽，穿戴整洁。对妻子来说，是便服还是西装或者晚礼服都不重要，重要的是，她希望看到他洗漱干净、剃掉胡须整洁的模样。

虽说仪表并不能决定男人的成功，但整洁的仪表却能博得他人的好感。如果男人想要博得妻子的好感，应该注意以下几个方面：

（1）适时理发，不要给人蓬头垢面的印象。

（2）节假日不带孩子们玩耍，要洗脸刷牙、理理胡须。

（3）不管工作还是居家，绝对要穿戴整洁，并且，适当使用香水。

第四条：尽量进入妻子的世界

很多现代女性都有着极强的独立自主的观念，她们有过工作的经验，对工作的压力也都有着切身的体会。然而，很多女性在成家后不得不抛弃自己的工作成为家庭主妇。此时，作为丈夫就必须去感受妻子的处境。柴、米、油、盐是我们日常生活所离不开的。首先，作为家庭主妇就随时都不能让家里的菜篮子空着，以确保一家人一日三餐都能吃上可口的食物；其次是操持家务，洗衣服、打扫卫生都不是轻松的事情；另外，作为家庭主妇还要花大量的精力照顾老人和小孩、购买日常生活用品。

对此，丈夫们都应该做到心中有数，妻子的劳动强度一点都不弱于工作的丈夫，一定要找时间主动帮忙做家务，为她分担沉重的生活压力。而最重要的一点是，妻子希望得到的报偿，就是丈夫不断地肯定她、赞赏并感谢她。

当然，丈夫空闲时也可以和妻子谈谈自己的工作情况，也要带她了解一下自己的世界，她可能不会给你的工作带来什么帮助，但她可以分享你的愉悦，分担你的烦恼。要记住男人无论有多累，都必须和妻子享受二人世界。例如，一起去享受假期。此外，丈夫也要尽可能地支持妻子的一些交际，并带妻子一起进入一些合适的社交圈，不要总是把她一个人丢在单调的家务活动里。这样一来，夫妻生活就会逐渐琴瑟和鸣，而不会整日争吵不断。

第五条：全力支持妻子的活动

前不久，我的一位朋友向我讲述了在她丈夫的帮助下，她成功克服了一件令她头疼的事，她说：

我姑妈第一次来我们家做客，我的孩子就出问题了，医生检查后说是患了急性气管炎。唉！对此我真不知如何是好，陪姑妈出去游玩的计划看来注定要落空了。

这时，我的丈夫汤姆劝慰我别着急，他来帮我解决这个问题。在他的建议下，我们分工协作，我负责在家照顾孩子，他负责下班后照顾我姑妈。汤姆隔日就抽出一个晚上陪姑妈出去散心、逛街；每到星期天，他都会带姑妈去郊外旅游，这让姑妈在我家过得很高兴。是丈夫分担了我的重负，他总是我面临危急事件时的坚强后盾，尽管他身上也有一些小毛病。

当妻子遇到难以解决的问题时，丈夫随时挺身而出的男子气概，比罗曼蒂克小说里的英雄人物形象更有意义。作为丈夫必须清楚，无论在什么情况下都要做妻子的坚强后盾。无论在女性沙龙，抑或唱诗班、裁缝班，丈夫都不应该成为妻子的绊脚石，包括妻子在辅导孩子学习时也不例外。

总之，无论发生什么事，或大或小，丈夫都应该永远站在妻子的一边，责无旁贷地支持她。

第六条：分享妻子的乐趣

婚姻是否美满、家庭是否幸福完全取决于夫妻两人是如何经营的。在婚姻的经营中，要多用"我们"一词，尽量避免使用"你"和"我"这样的词，如：

亲爱的，我们今年去哪里度假？

我们应该买一些新桌椅装扮一下我们的房间了！

我们是不是该换一些新的家用电器了？

……

要是每个家庭弥漫的都是这种温馨和谐的话语，那么每个家庭不就都充满了欢声笑语，美满幸福吗？

多数情况下，洗衣、做饭这些家务事大多男人的确不太喜欢做。然而，男人也必须腾出一部分赚钱的时间，与妻子共享天伦之乐，除非你不想有一个家人和睦相处、生活气氛融洽的家庭。

作家安德烈·莫罗斯对男士提出了这样的建议：

> 男士应该培养自己对妻子生活重心的兴趣：包括她们怎样着装，如何对待家务，何时显示出高于男性的感知？还要多花一些时间陪妻子上街购物，聊聊家长里短的琐事：教育孩子的方法、女性沙龙的形式以及与友人聚会的情况，等等。当然你的妻子如果对音乐、画画或阅读感兴趣，你要全力予以支持，使婚姻家庭生活更加多姿多彩。

第七条：表达对妻子的爱

女性取得的成功大多离不开亲朋好友的爱与支持，丈夫应该是给予她们动力的发动机。你对妻子应担的义务和责任以及爱，从你与她携手踏入婚姻殿堂时就已经开始了，它绝不像你在她的手指套上一枚戒指那样简单，而是要让她在未来的家庭生活中，时刻都感受得到你的真心呵护，你要让她知道：你这辈子最大的幸福就是娶她为妻。

以上是作家维琪·鲍姆的观点。而另一位名叫莫达·雷德的作家也提出了与其相似的看法。他说：女人与男人不同，不是只要感觉到了对方对自己的爱恋便再无苛求，女性渴望听到丈夫直截了当地说"我爱你"。

事实上妻子们大多心里都明白：大多数男人心里都有爱，只是羞于开口表达而已。婚前，男人们大多热情似火，大尽甜言蜜语之能事，但婚后却很少表达爱意。杰克·杜门先生是一位婚姻幸福、生活美满、事业有成的人，最近他以书信的形式告诉我他的一段经历。我现在把它展示给读者：

　　我是加拿大安大略省人。我与我妻子相识时，被她那美丽迷人的外貌惊呆了，经过一段时间的接触，我发现她不但美貌还才智过人，简直就是上帝创造的完美女性。我们很快就结婚了。婚后，我把全部精力都投入到了事业上，而把家庭生活的重担全部丢到了妻子一个人身上。婚后最初的5年，我们总是争吵不休。现在想起来，那时我真愚蠢！

　　有一天，我和妻子又为了一点家务事而大动肝火，大吵了一架。吵闹完，我4岁的儿子突然问我："爸爸，你是不是不爱妈妈呀？她是个好妈妈！"这时，我看着儿子，突然觉得自己犯了弥天大罪，在儿子的心里妈妈的地位是任何人都无法取代的，他幼小的心灵惊醒了我！

　　此时我心里充满了对妻子的深深歉意。5年来她为这个家默默奉献，悉心照料儿子的成长，相比之下，我的确是一个很不称职的丈夫和父亲。从此我决心弥补我的过失，请妻子给我一次机会，让我努力学做一个合格的丈夫与父亲。从此以后，我家的厨房也开始有了我的身影，街上也有了我和妻子共同的身影，我的家里再也听不到吵闹的声音了，有的只是幸福美满。后来，我们又多了一个小女儿，兄妹俩再也没问过我"你是不是不爱妈妈"这样的问题！

　　爱自己的妻子如果只是偶尔重温一下恋爱时的甜蜜情节，是绝对不够的！爱自己的妻子不仅需要感性，更要有理性认识，进入到相敬如宾的生活，任何一个幸福的家庭都是精心经营的成果。生活中，多数男人在这方面的认识不足，问题一旦出现，他们就会在妻子身上寻找借口，"女人心，海底针"之类的说法就是由此而来。他们完全不懂与妻子交流的必要性，更不懂寻求解决婚姻问题的方法，在他们看来，女人就是男人的生活附属品。

　　一个男人要想真正读懂自己的妻子，就要发自内心地告诉她"我爱你"。否则，夫妻之间没有情感的融合，怎能有幸福的生活呢？德鲁大学人际关系学教授大卫·梅斯说过这样的话：

　　　　可以说婚姻是检验两性关系最好的试金石，也是检验夫妻双方心智是否成熟的标准。一个不愿细致入微关怀女性的男人，独身是他唯一的选择。因为这正是他与一个女人感情和睦地生活的关键。我们在营造生活的过程中，心智也会日臻成熟，而心智不成熟则将终至家庭破裂。

　　男人必须用心学习并灵活运用对待女性的黄金法则。

女性请展示你的"舒适"

女性如何与男性相处？目前还未找出一个切实可行、符合人性规律，且人人认可、行之有效的行为准则，也只能在上帝赐予我们的个性及生活经验的基础上略寻规律。

在男性的心里，他们最青睐"舒适"的女人，"舒适"在他们看来是女性最优秀的品质，但许多女性对此却毫无察觉。我来告诉你，"舒适"在男人的择偶标准里可列于首位。

二战刚结束时，曾对士兵们做过一次心理调查，内容是："你将来希望找到一个具有怎样气质的妻子？"这些年轻力壮、精力充沛的小伙子，对未来妻子的选择几乎是同样的标准。让人感到意外的是，玛丽莲·梦露式的女性没有进入他们的选择目标，而朴实无华的"舒适"一词却被年轻士兵们填写得最多。"舒适"远远没有成为老古董。

与为误导女性钟情化妆品、香水所打出的天昏地暗的广告所流露出的信息不一样，在女性身上，"舒适"的品质才是男性最需要的。明智的女性应把重点放在给男人们带来舒适感上。显然，女人身上所反映出的一磅的"魅力"与一盎司的"舒适"，在男人眼中是不可匹敌的。我们组织过一个培训，邀请在这方面十分有经验的女性讲授与男性相处的诀窍。我们摘其重点提供给女性朋友们参考：

1. 温柔恬静

陶乐丝·迪克斯是著名的婚姻问题专栏作家，她指出："男性在选择女友时，温柔恬静的女孩最为他们所青睐。"所以，女性朋友要注意，在择偶时，不论你面对的是老板、政府官员、商人甚至是下水道修理工，你们都应进行相似的努力——展现出自己最温柔恬静的一面。男人都喜欢在轻松的状态下吃罐装食品或土豆，如果与一个牢骚满腹、脾气古怪的女人一起用餐，无论面对多么诱人的美食，也无法提起食欲。

一位独身的男士曾坦言：如果一个女人温柔恬静、善解人意，却没有热情地爱着他；而另一个对他爱得如痴如狂却蛮横无理、怨气冲天，如果从这两个女人中选择一个做老婆，他会毫不迟疑地选择前者。

我曾雇用过一位女打字员，事实上我对她的工作能力并不满意，她打字的速度很慢不说，还经常拼错单词，从而增加了校对的难度。然而，坦率地说，我却曾有过娶她为妻的想法。而事实上从我雇用她，直到她与别人步入婚姻殿堂为止，我之所以不满意她的工作也没有辞退她的理由，是因为她就像办公室里的太阳一样，能用她的光芒驱散阴霾，制造一种令人愉悦的氛围。

她在我这里领取了好几年的薪水，因为她一直安静地忍受了我好几年烦躁不安的批评和指责。我曾经想象过她烹调出的晚餐会是什么样子，但一想到她工作上的表现，的确不敢对她的烹饪水平抱什么希望。她结婚后我见过几次她与其丈夫，她丈夫的神情真令我嫉妒，他凝视她的神情闪烁着爱怜。看样子，他对她的烹饪技术十分满意。

2. 当好贤内助

杰克·佛烈克曾夺得过美国高尔夫公开赛的冠军，他在艾奥瓦州承包了两个高尔夫球场，在一篇文章中他提及他的妻子琳·伯恩丝黛为他事业的成功所做出的巨大的贡献：

那时我既不能放弃自己的高尔夫球赛，又要管理着两个球场，结果经常顾此失彼，把自己弄得焦头烂额。直到我认识了伯恩丝黛，她为我带来了好运气。她来自芝加哥，我们俩很快就结婚了。伯恩丝黛让我心无旁骛地练习高尔夫，再摘公开赛的桂冠。她则接管了两个球场的经营管理，同时还要照料我们的儿子格雷，这使得我能抽出身来，专心练习高尔夫球。

1952年我参加了全美高尔夫公开赛。当时儿子格雷才一岁多一点，需要人照看，我不愿让伯恩丝黛陪我去参加比赛。何况，也不会有邮递员送信时劳烦他的家人跟着一起跑的荒唐事。因为有伯恩丝黛在家照顾儿子让我很安心，所以当我在球场上厮杀的时候，总是气定神闲、成竹在胸。

杰克·佛烈克的妻子琳·伯恩丝黛一生都没有到现场为杰克·佛烈克的比赛助过威，但她在这位高尔夫冠军背后所做的努力，却远远大过球场边上数不尽的助威人群所产生的能量，因此她无愧为一位贤内助。

佛罗伦斯·梅纳德是培训中心的一名女学员，她曾学习如何做一个合格的贤内助，这课程促成了她和丈夫不灭的情缘。梅纳德夫人是纽约州北部一个小镇的人，在此前16年的夫妻生活里，她只知道专心于家务，任劳任怨，但却忘记了维护与丈夫的感情，使得夫妻间终于无话可说。后来，她开始着手解决这一问题。梅纳德夫人这样说：

因为我丈夫非常痴迷于职业曲棍球比赛，所以我也努力培养自己对这项运动的热爱。有趣的是，当我还没搞明白曲棍球是怎么回事的时候，我就被这项运动深深吸引了。我像丈夫一样热衷于观看职业曲棍球比赛，甚至查询每场比赛的转播时间成了我生活的第一要务。现在，我因与丈夫有了共同爱好，共同语言也就多了，并且还增加了一项运动方式。

另外，我对丈夫其他方面的兴趣也有了更多的了解，无论做什么都有种夫唱妇随的感觉。在结婚的第16年，我终于不再有家庭生活乏味的感觉，与丈夫的感情也越来越深厚了。

3. 懂得倾听的艺术

一般情况下，多数男士不愿听女性谈话，认为女性没什么高论，多是废话连篇，"长舌妇"几乎就是其代名词。而男士们的言下之意其实是："和女人们在一起说话，几乎插不进嘴，根本没有能让自己说上话的机会。"

可见，多数的女人缺乏倾听的技巧。不过，如果你把倾听理解为被动地听对方侃侃而谈，直到谈话结束，这就大错特错了。倾听的艺术是调动对方的话题，以简练的话语表达出完整的内容。女性朋友们不能当长舌妇，也不能沉默不语，应该善于把握节奏，合理调整对方的谈话内容。

倾听的艺术首先要求心无旁骛、聚精会神。女性朋友们不要让男人觉得你对他们的谈话很不耐烦，更不能无视对方的谈话，在心里想着与对方所谈问题毫不相干的事情。倾听时要精神放松，目视对方显露出自然尊重的神情，避免对方因你而产生压力，不愿提出想法。倘若你希望和某位男士共同度过一段愉快的时光，那你就应该想象自己正扮演某一角色，正倾听另一位男演员的述说。

倾听时除专心致志外，还要注意配合对方。假如你还在用"哎呀，你简直就是天才"这样的台词，显然已经过时，机警的男人会很容易地从这个虚假的话语中，看出你是在试图讨他的喜欢，所以，现在你要尽量丢弃那些老古董式的赞美，才能对那位男士产生有效的影响力。这就要求你必须下功夫培养所需的智慧，比如，你可以偶尔打断某位谈兴正浓的男士，向他提出一些问题，以显示出你的态度；你也可以提出一些和他相反的意见，刺激一下他的自尊心，促使他表达出更为成熟的想法。如果你对他的想法有很强烈的反对意见，也不宜针尖对麦芒地去反驳他，而要在插话的时候简明扼要地把你的立场传达给他，并把话头留给他，让他继续谈论。这样不拘一格地听讲就不会让你们之间的相处显得拘谨，还会在彼此的谈话中互为长进，也能保证两人进行融洽的沟通交流与互动。

为什么有许多女性不懂得倾听的艺术？是因为她们没有过这样的实践机会，不懂得倾听在男女交流中的重要地位。只要试着多找机会体验，就能很容易地获得这种技巧。培养倾听的艺术可以最大限度地帮助女性获得与男性相处的愉悦氛围，使女性变唠叨为交流，通过聆听让自己越来越成熟，踏上幸福的旅途。

4. 增强自己的适应能力

"亲爱的，我很久没见老朋友吉姆了，今晚请吉姆和梅珀夫妇来我们家聚一下吧！"丈夫建议道。

"好啊好啊！"妻子立即表示赞同，并马上补充道，"哎，我们还要叫上汤姆、海伦夫妇，他们刚邀请了我们两次。对了，还有海伦的妹妹刚来我们这不久，现在独身一人待在她姐姐那，我想给她物色个男朋友，顺便叫她一起来。下午你回家时，记得去超市多买些啤酒和干乳酪回来。我们

现在就去分头准备吧。对了，我怎么忘了，等会儿我出去的
时候，你把客厅收拾一下吧！"

到了这个时候，丈夫开始后悔自己当初的提议，多一句嘴搞
出了一场大型的家庭晚宴，而他的本意不过就是想约两个老朋友
来家说说话而已。

对所有突然的提议，男人都不会简单地点头称是，除了女
人突然想起给自己买顶帽子这样的小事。男人始终闹不明白，为
什么对于任何事情，女人们都要在一个月前就开始她的计划和准
备工作，即使像看场戏这样的小事都不例外。当丈夫只是心血来
潮提议周末去郊游时，妻子会因为没有休闲的衣服而至少延期一
周，而此时丈夫郊游的兴趣早已不复存在。可是，妻子为什么就
不能爽快地答应丈夫的提议，并马上去实施呢？这对她会有什么
损害吗？

在我的培训班上就有一位因此生活得特别滋润的女性。她的
丈夫喜好搜集旅游宣传册，一看到心动的旅游活动只需两三天时
间，就会向她提议："亲爱的，随便收拾收拾，明天我们一起床
就去……"而这位女性就会马上把宠物寄养到邻居那里，取消近
期的所有约会，以迅雷不及掩耳之速准备和丈夫的行程，第二天
早晨就已经在旅游的路上马不停蹄了。而对此，这位女士却坦言，
做到这一点并不难，你只需要学会适应。只要稍加培训，不再固
执己见，人人都可以像她一样充分享受婚姻的乐趣。

在我年轻时，经常在舞会上看到，有些女孩因为最后才被男

孩邀请而感到颜面尽失、无地自容。接着，这个女孩通常会因为面子而拒绝男孩的邀约，结果却对自己的内心造成更为深重的伤害。为什么不能坦然接受最后的邀请呢？其实，这个女孩存在的问题就是不善于适应：男孩最后来到自己面前，并不能证明是自己没有魅力。在此之前，男孩一定邀请过其他女孩，但他们最终无缘达成默契。女孩完全可以接受男孩的邀请，向他证明你是他的最佳选择。这是检验你适应能力的最佳时机，如果男性的心理活动你可以轻松应对，你就能获得他们的高度赞扬。

5. 女人要纯真简单

曾有位女学员讲述过自己因为过于强势而痛失爱情的经历。她的工作是在一家公司负责人员的调度，有着很高的权力。她说：

那时候，工作在我的生活中是第一位的，个人生活是第二位。我对待自己的事业一丝不苟、大公无私，经常在与男朋友约会中途赶回公司加班。我承认，我对待前男友就像对待公司员工，没有温情只有发号施令。比如，他有些贫血，我常在晚餐时强迫他吃他很讨厌的爆炒猪肝或腌肉。有一年冬天，天气很寒冷，我每次进屋他都会走过来接我的风衣，但我一直都拒绝他；他有几次想帮我修理已经坏了很长时间的桌椅，我也拒绝了。我过于强势了，能干得简直让他连一点插手的机会都没有！最终他提出和我分手。

这是一个多么自负又可怜的女人啊！说她太专注工作，还不如说她太不懂得生活更贴切，以至于爱她的人陪伴在她身边时她都不知道珍惜，拒绝让他融入自己的世界，她忘记了自己是个女人。男人都希望自己能有一个靓丽并充满智慧的爱人，也不会拒绝她拥有自己的工作，但他们更需要的是具有女性特点的女人。如果你是一个精明强干的女性，那你就要避免让你身边的男性感到你不需要怜爱。你的能干更应该体现在工作上，要让你的老板感觉到你的聪明能干。而一旦回到家，你的角色就要变换，要让你的丈夫感觉到你确是一个女人，是这个家的女主人、他的妻子。那位女学员说："这些问题我也是在不断的反思中觉察到的，同时也是因为失去我深爱的男人才觉察到的。"

还有一位女学员热衷于参与州政府的政治活动，她把大量的时间和精力都倾注在了政务上。那时，她被一位年轻有为、风度翩翩的男子所吸引，一有空闲，就和他待在一起。但是，即使她与所爱之人在一起时，也很少谈及她们的二人世界，还是喋喋不休地谈论她的政治，诸如某政府官员犯法、某位法官有什么动向等事情。

一天晚上，她深爱的男人终于向她挑明："嗨，你原本是个纯真可爱的女人，就像一张纯净的纸，如今却像一份政治宣传文件。这样的文件，如果我有需要，会自己到州议会工作人员那里索取，不需要你在这里向我喋喋不休地灌输。现在，我想和一个纯真的女人共享生活，而不是和一架政治宣传机器！"

没过多久，那位男士娶了一个普通的金发女郎为妻。他的妻子把家里打点得井然有序，他们的婚姻生活幸福美满，因为她始终保有纯真而简单的女性身份。

6. 守护绝无仅有的自己

在男人们看来，一个年过花甲的老女人，穿着流行的少女服装、脚踏高跟鞋一定是件非常荒唐的事。这些可怜又可悲的女人们，她们此时并不知道自己正在违背着人生的黄金法则，即使到死那一天可能也无法成熟。这个法则就是：守护绝无仅有的自己。

一个原本温柔恬静的女孩，有时也会认为与男人们在一起狂笑怒骂、吃肉喝酒这些行为更与众不同，或是更能得到男人们的认可。可事实上，女性们的这些异想只是一厢情愿，你们所面对的男人不是弱智，他们辨别得出哪个是麦苗、哪个是韭菜。如果自以为改变外衣就是"改变个性"，以为靠时尚的着装或荒唐的发型就能吸引男人的眼球，这恰恰暴露了自己思维浅显的一面。男人们绝不会被她们"改变个性"的小儿科手段牵着走，以至于完全被她们伪装出来的面具所迷惑。

每一个人与生俱来的特质都不差，并且都是绝无仅有的，所有试图改变它的幼稚想法和作为，都是徒劳无益的。我们要想使自己的特质更好地展现，最好的方法就是除去那些无益的包装。只要我们能将自己最真实、最阳光的一面展现出来，避免阴暗面，就完全可以让自己做得更好。每个人都不必煞费苦心地去伪装自己，女性当然也不例外。因此，要坚定地守护绝无仅有的自己。

7. 尊重自身，善待自己

从不知"两性战争"这个词是谁创造的，也不知它缘起何时，创造这个词的，想必是个极端主义者。男女之间有什么值得为之"战争"的？确实有女性把男性当作对立方看待，她们觉得男性仗着先天优势瞧不起女性，这样的女性也很难得到男性的青睐。当然，她们也不会在意这点。

但还应该强调一下：女性首先不应该忘掉自己在社会及家庭中的责任，同时做到尊重自身，善待自己！这样，女人才能自立、自强，和男人共同建立起和谐亲密的世界。平时人们所提到的"老处女"并非拒绝承担基本责任。其实很多坚守独身主义的中年女性，同样具有健康的心智、吸引男人的魅力。恰恰相反，有许多已组成家庭的女人则更爱抱怨："上帝在创造亚当和夏娃的时候，简直太偏心了！"如果说两性之间有矛盾，这些女人才是制造"两性战争"的始作俑者。

尊重自身，善待自己！这与是否结婚并没有关系，女人所具有的心智健康水平、修养才是决定这些问题的关键。缺乏健康、正确的婚姻态度，却来谈及婚姻幸福无异于痴人说梦，之后，又错误地把生活中的主旋律谱为战争。

女性如何与男性相处？现在还未找出一个切实可行、符合人性规律，且人人认可、行之有效的行为准则，也只能是在上帝赐予我们的个性及生活经验的基础上略寻规律。

　　根据本节所提出的参考建议，起码可以证明男人与女人并不是对立关系；和谐亲密、幸福的婚姻世界，必须要由夫妻之间牢不可破的爱情来建筑。

　　因此，女性要和谐地与男性相处，就要在他面前充分展示你的"舒适"。

切莫做婚姻的文盲

生活中为什么会有许多不和谐的婚姻关系呢？对此，研究婚姻问题的权威人士得出了一致的结论：夫妻间的性生活和谐与否决定着婚姻的成败。由于大多数夫妻缺乏基本的性知识，因此一些婚姻的破裂在所难免。

戴维斯博士对 1000 位已婚女性进行了一次认真的调查研究，调查的结果是，这 1000 位已婚女性在夫妻间性生活上非常不和谐，某些女性甚至用"忍受"一词来描述。戴维斯博士撰文指出：婚姻关系破裂遵循这样的规律：生理的不愉悦导致心理的不快乐，以致最后离异。

汉密尔顿博士为此也做了一次相似的调查，得出了同样的结果。尽管他的调查人数不及戴维斯博士多，但在研究时间的跨度上则超越了后者。他把婚姻问题划分为 400 个领域去调查，用了 4 年时间分别追踪采访了 100 位男士和 100 位女士。他所做的调查也引起了公众的兴趣。婚姻问题的本质是什么呢？在他与马克哥文共同撰写的《婚姻的症结是什么》一书中，汉密尔顿博士写道：

> 只有那些心存偏见，并缺乏研究态度和职业道德的精神病医生，才会不负责任地认为——婚姻破裂的致命原因并非夫妻间性生活不和谐。而事实上，婚姻问题中，不管存在什么其他的问题，都有解决的办法；但性生活不和谐这一婚姻病症却是难以治愈的。

鲍本诺博士曾是洛杉矶家庭关系研究所的负责人，也是美国研究婚姻问题的资深专家。在对数千个家庭的婚姻情况进行调查之后，他发表了自己对婚姻破裂原因的看法。他把它们归结为四大因素：

1. 夫妻间性生活不和谐；
2. 在休闲方式、习惯上的差异；
3. 家庭贫困、出现财产纠纷；
4. 生理及心理问题、精神病。

在以上四大因素中，鲍本诺博士将夫妻间性生活不和谐问题排在了首位，而许多人认为最重要的财产问题只被列在了第三位。这就基本可以总结出，夫妻间的性关系决定着婚姻的成败。

赫门是家庭关系法庭的法官，他在处理过成千上万例离婚案件后说："绝大部分夫妻的离异都是由于他们对性生活的不满意！"心理学家沃森也说："夫妻间的性生活问题关系到整个人类世界的每家每户，它的不和谐毫无疑问是制造婚姻破裂的元凶。"凡是来到我的培训中心的大多数精神病诊治医生，也都提出了非常类似的看法。现在，性知识的普及率不断提高，关于性知识的普及读物也比比皆是，如果仍然有人因这一问题造成婚姻破裂是很不明智的。

白德费尔神父为传教事业默默奉献了18年，在他离开神父这一职位后，担任了纽约市家庭辅导服务处的负责人，现在他所做最多的工作是为即将步入婚姻殿堂的年轻男女们证婚。他曾这样指出：

> 我的直觉加之多年的传教经验告诉我，成千上万对到这儿来请求我证婚的青年男女，他们的心地都很善良，而且也不缺乏爱心，但他们在婚姻问题上竟然都表现得很无知。
>
> 当人们意识到，只有天赐良机才能消除婚姻生活中的障碍时，婚姻的幸福率高达84%，这对我来说是一个不可想象的结论。但许多夫妻并不知道要珍惜这天赐良机，导致家庭生活过得一塌糊涂、水深火热。可以说，他们的婚姻并不完美，只是没有离婚罢了。
>
> 应该说幸福美满的婚姻不可能仅依靠天赐良机，要依照婚姻关系的自然规律，共同精心经营来实现，只有脚踏实地地规划未来的蓝图，才会经营出幸福的婚姻。

白德费尔神父为了给青年男女们提供婚姻经营方面的帮助，花费多年时间。凡有来请他证婚的青年男女，他都要求他们制订幸福家庭计划，并开诚布公地进行讨论。多年来，经过不断地总结经验，白德费尔神父提出了自己的见解：

在婚姻这件人生大事上急不可待，不能妥善地处理就是婚姻方面的文盲。性生活虽然只是夫妻婚姻生活中的一部分，但是，只有性生活和谐才能够保证婚姻生活实现最大满意度，再没有其他任何比它更重要的事了。不要因为所谓脸面而羞于启齿，要用客观、真实的语言来描述各自的性生活感受，大胆地谈论性生活，并且不断地克服自我。如果想进一步地增强婚姻的幸福指数，那你就必须要找一本比较权威的性知识专著来读一读。

因此，为了不让自己成为一个婚姻方面的文盲，有必要增强一下你的性知识。

第四篇

展望美好生活

不要为打翻的牛奶哭泣

坐在我的写字台前,一抬头就能看见堆放在窗外花园中,我从耶鲁大学的皮博迪博物馆买来的类似恐龙足迹的化石,化石上面的足迹清晰可见。化石里面还附了一本小册子,说它们来自1.8亿年前,是史前时代留下的烙印。当然,聪明人不会去试图改变这些东西,特别是那些已经不可更改的事实。但现实中总有一些人希望改变过去,然而,发生过的事情已成既定事实,显然是不能更改的。如果希冀曾经的错误对我们今天的行为有所警示的话,那么我们唯一可做的就是冷静地分析这些错误产生的根源,力求扬长避短。

我知道这大有裨益,不过,我有足够的勇气和智慧做到吗?回答这个问题之前,我先给大家讲一件几年前发生在我自己身上的事,在这次经历中,我损失了三十几万美元的资产。事情的始末是这样的:

我曾创办过一个有模有样的成人教育培训班,还在一些城市设立了下属机构,并投了不少资金进行组织宣传。因为我忙于授课，没有精力去关注公司的财务问题，因为那时我还没有要设立专职财务人员的意识。

直到一年之后，我才发现，尽管公司进款很多，却没有赚取一分钱。发现这一问题后，我理应立即做好两件事：一是认真分析自己的不足和失误，从中吸取经验教训；二是学习科学家乔治·华盛顿·卡佛尔，他在银行倒闭后，损失了5万美元的存款，那是他全部的积蓄。当有人问他，你现在是否认为自己穷困潦倒时，他回答说："是啊，我也似乎听说了。"然后，他仍旧心无旁骛地授课。他把这件事丢到脑后，再也没有过问。

但这两项急需做的事我都没有去做，而是陷入深深的懊恼之中。几个月的时光毫无意义地消耗了，其间我寝食难安，体重骤减。我不但没有吸取过去的教训，反而重蹈覆辙。我知道，承认自己的愚蠢的确很丢脸，但我也明白："教会自己去做一件事，比教会20个人去做一件事还要困难！"

保罗·布兰德威博士是艾伦·桑德斯高中时的老师，我真羡慕桑德斯先生能在乔治·华盛顿高中上学，因此时常能聆听保罗·布兰德威博士的教诲。桑德斯先生说保罗·布兰德威博士曾是他生理卫生课的老师，曾为他上过最有意义的一课：

那时，我还不到20岁，但我却不知道从什么时候开始养成了一遇到事情就忧心忡忡的习惯。我时常为自己犯过的错误悔恨不已；每次考试结束，我都很晚也不能入睡，躺在那里辗转反侧，担心考试通不过；我尤其爱回顾自己做过的错事，为那些不合适的行为懊恼；我还总喜欢回味自己说出去的话，遗憾当时没能说得更漂亮些。

一天早上，全班同学都去实验室上科学实验课了。布兰德威博士在桌上放了一瓶牛奶。所有的同学都坐在那里看着那瓶牛奶，猜想着布兰德威教授会用它来做什么。接着，他们看见教授一回手将那瓶牛奶打翻在水槽里，然后高声说了句："不要为打翻的牛奶而哭泣。"

紧接着，他叫同学们都到水槽边去，看着从瓶子里流出的牛奶，并再次向同学强调说："都仔细看看，我希望你们这辈子都不要忘记，当盛牛奶的瓶子已经被打翻，牛奶全都流出来的时候，任我们如何惋惜也都无法挽回了。但是，如果在事情发生之前我们能注意一些，这瓶牛奶就不会有这样的命运。现在牛奶流失已成既定事实，我们要做的就是把它完全忘掉，全力做好接下来要做的事情。"

在此后的很长时间里，我都无法忘记布兰德威博士上过的这堂课，它甚至比我学到的几何和拉丁文更让我印象深刻。后来，我发现它在生活中带给我的好处更是超过了高中三年所学到的全部知识。它让我明白了一个道理：凡是要做一件事情，事先就要保证它不出错，一旦出了错也不要一味地为错误懊悔，而是要尽快把这件事情扔到脑后。

也许会有朋友要说，别总在"不要为打翻的牛奶哭泣"这句老话上浪费时间了，太俗了。我知道，这虽然是句老生常谈，可是，它所蕴含的智慧，是人类思想的硕果，永远都不会过时。找遍历史上所有名人谈论忧虑的文字，你也很难找到比这更深邃更富哲理的格言了。如果你能保证在今后的行为中充分重视它，并践行此言，那么你就无须阅读本节。

本节没有讲述新的理念，主要是带大家重温早已熟悉的道理，提醒你在生活中将它合理充分地运用。

我很敬佩已故的佛雷德·福勒·夏德先生，他有一种天赋，就是善于把深奥的哲理诠释得通俗易懂。他在一次演讲时问人们："锯过木头的人请举手！"台下很多人都举起了手。之后，他又问道，"锯过木屑的人请举手！"显然，没有人举手。

"是的，没有人会去锯木屑，"夏德先生说，"因为没必要再去锯它们了。同样的道理，如果有谁总是把注意力放在那些已经过去的事情上，就是在锯木屑。"

我采访过81岁时的棒球明星康尼·迈克，问他害不害怕输球。

"害怕，我从前经常这样。"迈克回答说，"但后来，我就不干这种傻事了，担心这事对我来说没有一点价值，我们没有必要再去磨已经磨完的粉，是吧？"

磨完的粉无须再磨，锯碎的木屑也无任何意义。有一年感恩节，我和杰克·戴普西共享晚餐。我们边吃边聊天，他向我讲述了一件曾使他的自尊心极受打击的事，就是在一次拳王争霸赛中他输给了一位叫希尼的拳手。他说：

比赛时我已经感到体力不支了，我预感到我的职业生涯就要结束了，当打完第十个回合，我虽然还能坚持，但也只是勉强不倒下罢了。我的脸已肿了起来，眼眶也十分疼痛，这时吉恩·希尼的手被裁判举了起来，表明他已获得这场比赛的胜利。这意味着我已失去世界拳王的头衔了，我穿过人流，在雨中向更衣室走去，一些朋友上来想和我握手，一些朋友眼眶里饱含热泪。

　　一年后，我与希尼又打了第二场比赛，结果又失败了。我不得不就此结束我的拳击生涯。作为曾经的世界拳王，我不可能不去回忆这件事情，但我告诉自己："绝对不能为这件事而永远陷入伤心之中，我绝不能为打翻的牛奶而难过。"

　　杰克·戴普西的确做到了。他是怎样做到的呢？他既没有悔恨也没有无休止地自我安慰：无论哪一种做法都只会徒增烦恼，而刺激自己不断地回想往事。他百分之百地做到了直面已出现的事实，把发生过的失败干脆扔到了脑后，用全部精力面对未来。他在百老汇的街区开了一家杰克·戴普西餐厅，又在第五十七大街开了一家旅馆。他举办拳击展览会，并组织拳击比赛，忙于这些自己喜欢且有开拓性的事务，让他再也没有多余的精力和时间为已过去的事情长吁短叹了。

对此杰克·戴普西不无自豪地说："这 10 年来的生活比我还是世界拳王时过得还要丰富多彩。"他还说，自己没读过多少书，但冥冥中他却践行着莎士比亚的忠告：明智的人永远不会陷入失败的痛苦中。遇到糟糕的事，他会尽量寻找各种方法，以减轻损失。

我在大量的历史资料和人物传记中，看到许多身处困境的人物，最后都战胜了困扰自己的艰辛和苦痛。让我惊叹不已的是，任何的忧虑和不幸都无法打败他们，他们能坦然地生活在快乐中。

有一次我去探访监狱，让我感到意外的是，许多囚犯看起来与普通人并没有什么明显的不同，也都是很快活的样子。我向监狱长刘易斯·路易士问起原因，他告诉我说：

这些囚犯刚进监狱时，几乎个个咬牙切齿、心怀怨恨。几个月过去之后，他们才渐渐平静下来，接受了坐牢这个事实。因为内心变得坦然了，也就自然归于平常人的生活了，他们开始寻求能让自己开心的事。其中一个主动负责园艺工作的犯人，他一边在监狱里浇花种菜，一边还哼着歌。

总之，没有必要为打翻的牛奶唉声叹气。当然，牛奶被打翻是件令人沮丧的事，但为其叫苦不迭同样是件荒唐的事，因为这毫无意义，毕竟谁能没有失误呢？就是伟大的拿破仑也曾因为失误而丢掉过意义非凡的战役。

即使我们穷尽毕生精力，也无法改变过去分毫。

保持积极向上的心态

我们的心理状态对身体和力量，有着难以想象的影响力。这件事可能会让人难以置信。著名的英国心理学家哈德飞为此专门撰写了一本只有 54 页的书——《力量心理学》，在其中他发表了独到的见解，他写道：

> 我邀请了三个人来帮助我完成一项实验，以证明生理受心理巨大影响的结论。试验的方式是：让他们三个人在三种不同的情况下，用尽全身的气力握紧握力计来记录各自的握力。
>
> 第一次实验是在一切正常的状态下，他们平均的握力显示为101磅。
>
> 第二次实验，他们被催眠并告知，他们现在的状况很虚弱。实验结果表明，他们的平均握力是29磅，还不到平常状态下的三成。
>
> 第三次试验：催眠之后暗示他们现在的状态比以往任何

时候都好。实验结果表明：他们的平均握力是142磅。他们的力量有了近五成的增幅。

这就是所谓的让人难以置信的精神对生理的巨大影响。为了诠释精神的魔力，我讲一个发生在美国南北战争期间的奇特故事。

如果要详述这个故事可以写成一本很厚的书，不过，我们还是直奔主题，只讲紧要的部分：

基督教有一位信心疗法创始人，名叫玛丽·贝克·艾迪，可能有很多基督徒都听过她的名字，当初的艾迪一度生活在疾病、愁苦和不幸之中。她婚后不久，丈夫就离世了，之后她嫁给了第二个丈夫，可不久她的第二个丈夫被一个已婚妇人勾引，离家出走了，后来，他被发现死在了一个贫民收容所里。艾迪只有一个儿子，4岁时生了一场病，由于饥寒交迫，不得已把他送走了，从此杳无音讯。在此后的31年里，她们都不曾相见。

出于对健康的考虑，艾迪开始了对"信心疗法"的探究。在她居住的麻省理安市，她的人生发生了逆转。一天，天气异常寒冷，且风雪交加，而她突然昏倒在结冰的路面上。她的脊椎被撞伤了，身体不停地抽搐，医生认为她时日无多。医生还说，即使奇迹出现，她能活下去的话，也不可能像从前一样灵活行动了。

一天，艾迪在病床上翻开一本书。她看到书里讲："人们用担架抬着一个瘫子来到耶稣面前，耶稣对瘫子说，伙计，放心吧，你是无罪的。站起来，拿着你的被子回家去吧。那人就真的站了起来，回家去了。"

她后来回忆说，是耶稣的话让她获得了一种力量，坚信秉持信仰一定能医治自己，使自己能够离开病床，慢慢恢复正常行走。

她继续回忆道："这种信心就像触碰牛顿灵感的那枚苹果，竟然让我慢慢地康复起来。我认为，这样的奇迹可以出现在所有人身上，主要在于你的心态，它比其他所有东西都要有意义。"

对此你可能会说："他是在传播基督教，才不是什么信心疗法。"你错了！我不是基督徒，但是我的年龄越大，对思想的力量越深信不疑。我从事了 35 年成人教育事业，我明白所有人都能够战胜忧虑、恐惧和其他困难，只要调整好自己的思想，就能够战胜厄运。我亲眼见证了无数这样的转变。它在我们的生活中非常普遍，一点也不新奇。

有个典型的事例，正能显示精神的力量，这个事例发生在我的一个曾经精神错乱的学生身上。事情的起因就是忧虑，他后来回忆说：

任何事情都能让我感到忧虑。我为身体太瘦而忧虑；为掉头发而忧虑；为太穷娶不到太太而忧虑；为未来能不能做一个合格的父亲而忧虑；为能不能娶到自己心仪的姑娘而忧虑。现在的生活让我更加难受，我忧虑自己会给别人糟糕的感觉。我得了胃溃疡，从此再也不能工作了。失去工作后，我内心的紧张感逐步增加，像一个失去安全保障的锅炉，压力太大以致随时可能爆炸。后来，问题果然爆发了。

如果你从来没有经历过精神崩溃，那你就祈祷上帝永远不要给你这个机会，因为，那种精神上无以复加的痛苦，远超过身体上的任何一种痛苦。

我所患的严重的精神问题让我无法和家人交流。我的内心充满了恐惧，我无法左右自己，一丁点响动都会让我焦躁得跳起来。我只得躲避每一个人，常常毫无缘由地掉眼泪。

我每时每刻都痛苦不堪，我觉得所有人都鄙视我，甚至上帝也抛弃了我，我甚至有了自杀的想法。

后来我想去佛罗里达州散散心，希望新的环境能给我带来转机。父亲送我到火车站，临走时他塞给我一封信并告诉我，等到了佛罗里达州之后才能将其拆开。

我到佛罗里达州时正好赶上旅游旺季，旅馆里没有房间，我就在一家汽车旅馆租了一个房间。我想在迈阿密一艘货船上找份临时的工作，但没能成功，后来我就在海滩上打发时光。我在这里的状态一点不比在家时好到哪去，此时，我拆开了那封信，看父亲在信里说了什么。他在信中说："儿子，你现在到了1500英里之外，但你并没有感觉到你的精神有任何的转变，是这样吧？我猜想你不会感到任何不同，因为你还没找到你所有麻烦的祸根——你自己。其实你的身心并没有什么大碍，也不是你周围的环境影响了你，而是你对周围事物的看法出现了问题。总之，一个人心里怎样想，他就会有怎样的模样。我想，你现在可能明白了这点。孩子，回家来吧。那样，你会好起来的。"

父亲的话让我十分不满，我认为这是教训而不是同情。看完信后我想永别家门。那天晚上，我来到迈阿密一条偏僻的街上，走进一个正在举行礼拜的教堂听了一场布道，主讲人讲解了这样一个观念："能征服精神者，强过攻城略地。"瞬间我的心灵开了一道缝，我在上帝的圣殿里听到的仿佛就是父亲写给我的信，我开始认真地反省自己，慢慢意识到我现在的想法是多么的可笑。我总是想改变这个世界，因为我不满所有的人，其实唯一与这世界不和谐的，就是我内心的观念。

第二天一早，我就提着行李，坐火车回到了家。一周以后我回到了从前就职的地方。四个月后我和我一直害怕失去的恋人结婚了。之后，我们有了5个孩子，我感谢上帝在物质和精神方面对我的照顾。在这次变故之前，我在单位里是一个领导着18个部下的小工头；而现在，我在一家纸箱厂担任管理着450多名员工的厂长。我有了比以前更有希望的事业、更加充实的生活。现在，我真正读懂了生命：只需改变一下想法，一切问题都会迎刃而解。

说实话，恰恰是那次出现的精神问题挽救了我。它让我懂得了精神对肉体的巨大控制力。我现在可以引导自己的思想，让它不再危害我；我也理解了父亲的睿智：真正在制造麻烦的不是外在的事物，而是我看待事物的方式。在我明白了这些以后，精神也就校正了，自然也就告别了疾病。

以上就是那位学生的经历。

我坚信，我们内心的状态，在生活中获得的感受，和我们身处何处、面对什么没有关系，而是取决于我们此时的心态，是内因而不是外因。

两个世纪前，双目失明的弥尔顿写下这样的感悟：

要是你读懂了思想并善加利用，你就可以将地狱变为天堂，把天堂糟蹋成地狱。

拿破仑和海伦·凯勒的事例，对弥尔顿的这句话做了最有力的诠释。在法国拥有所有荣耀、至高的权杖和巨大财富的拿破仑皇帝却对圣海莲娜说："这辈子，我从来没有享受过一天完整的快乐。"海伦.凯勒虽双目失明，却宣称："我感觉人生真是太美丽了。"身在天堂的拿破仑过着地狱的生活；而凯勒却在地狱享受着天堂的乐趣。

若有人问我活了大半辈子学会了什么，我会这样告诉他：除了自己，没有人可以让你平静。

我在这里重提一下爱默生在题为《自信》的文章里写下的一

段话："一次政治的胜利、薪水的增加、病体的恢复、久别好友的重逢，或是别的什么使你快慰，让你觉得眼前有无数的美好在等待着你，那么，请不要相信它，事情绝不可能像你所期待的那样。因为除了自己，没有人能让你享受平静。"

斯多葛派著名哲学家依匹克特修斯曾提醒我们：

我们必须彻底消除脑海中的错误认识，这比切除"身体上的肿瘤和脓疮"重要得多。

依匹克特修斯在公元前提出的理论观念，得到了现代医学领域的广泛认可和支持。坎贝·罗宾博士说，在约翰·霍普金斯医院接受治疗的病人中，有百分之八十以上都是心理引发了疾病，甚至有些生理器官上的病症也与心理关系密切。说到底，在他看来，所有的病人当中，绝大多数病人的患病原因都是患者无法协调生活中的诸多问题。

下面这句话是伟大的法国哲学家蒙田生活中的座右铭：

一个人因成见所招致的伤害，往往要比其在事情中所受的伤害更加深刻。

而一个人的成见存在与否，完全取决于个人的主观意识。

当你被某种困惑所困扰，精神疲惫紧张时，应该果断地提醒自己，你是能够凭自己的意志力来改变你此刻心境的。实用心理学的权威威廉·詹姆斯提出这样的理论：行动似乎是随着感觉而起的，但实际上，二者是同时进行的。如果能将受意志控制的行动规范化，同样可以间接地对不受意志控制的感觉规范化。

换句话说，这正如威廉·詹姆斯所提醒的：想改变我们的情感仅凭"下定决心"是不够的，但如果我们能够使行为改变，那么，情感自然也会有所变化。

他又对此解释说：

> 假如你感到不快乐，那么振作精神是唯一的解决方法，因为这样会潜移默化地改变你的言语和行动。

这种看起来很简单的办法是否真的管用呢？你不妨亲自尝试一下。让你的脸上露出开心的微笑，满怀激情地去做你喜欢的事，边做边唱自己喜欢的歌；如果你不会唱歌，就随便哼一段，哪怕吹个口哨也行。这样，你就会慢慢体验到威廉·詹姆斯的话的意义了。如果你在改变行动的过程中渐渐感到了快乐，忧虑和颓丧就会随之消失。

改变创造奇迹，这是亘古不变的真理之一。我曾经认识一个居住在加利福尼亚州的女人，她如果能早一些明白这个道理，就不会长期生活在消极、郁闷的情绪之中了。衰老和寡居让她的生活倍感凄苦，她似乎从来没有快乐过，要是你问她近来过得怎样，她总是回答说："啊，我还好。"然而，她说的绝对不是心里话。

她心里或许在这样说："哦，老天，过得怎样只有你处在我的境况才会明白。"

生活中，还有不少女性的精神状况甚至比她还要糟糕。这个女人的亡夫给她留下了数目不菲的生活保险金；她的子女也都已成家立业，并且完全可以赡养她，可我很难见她露出笑容。她时常抱怨她的三个女婿自私，但她一年当中大多时间都是在女婿家度过的。她还抱怨女儿从不送她礼物，而对自己的吝啬，却从不曾察觉。为此，她和家人一样讨厌自己。这其实是她的心态出了问题，她本可以走出忧愁、挑剔的心境，做一个受家人尊敬的老人。这并不难，只要她换一种心态看待事情，一切的苦闷都会烟消云散，而不会像现在这样，终日自寻烦恼。

10年前，英格莱特先生患上了猩红热，康复后，又发现肾脏有了毛病，他到处寻医问药。后来，他告诉我，没有一个医生能看好他的病。

不久前，他又患上了一种新的并发症，致使血压明显升高，高到了吓人的214毫米汞柱，医生宣布，对他已束手无策，让他做好见上帝的准备。

后来，他说：

> 我只能回家等待见上帝了，付过了全部的保险金，然后，我向上帝默默忏悔从前犯下的种种错误，并陷入沉思。因为我的病，害得家里所有人都无快乐可言！妻子儿女都跟着难过，而我此时所能做的就是等着去见上帝！然而，一个

星期后我突然对自己说："你简直就是个白痴！现在你不是还没死呢吗？既然还活着，为何不活得快乐些呢？"

从此，我挺起胸膛，脸上开始绽放微笑，让自己表现得与健康人一样。我承认，刚开始时我缺少足够的底气，但是，我逼着自己这样做，并对身边的事物充满热情。这不但有益于家人，也有益于我自己。

接着，我的心情变好了，脸上也不见了病态，甚至比常人更加自然。这种改进持续进行，本来我以为自己活不到现在的，但现在，我不但活着，健康程度还在与日俱增，血压也降了下来。现在看来，如果我当初一味相信医生的话，那么，他们的预言早就变成现实了。是我给了自己一个新生。

我现在问你，如果快乐和勇气能让病人重获健康，那我们为何要在身处窘境时伤心颓废呢？如果可以为自己创造快乐，那为什么非要让别人和自己一起承受郁闷呢？

多年以前，一本名为《人的思想》的书给我留下了深刻的印象，詹姆斯·艾伦在书里这样说：

你会发现，你所面对的事物和人会随着你看法的改变而改变。如果能用阳光的心态去思考事情，就会惊奇地发现，生活也变得像阳光一样灿烂。一个人虽然无法拥有他想要的全部，但却能够决定他已经拥有的，能让气质变化的灵性不在别处，而在自己的内心。一个人的所得正是他思想的直接效应。只有具备奋发进取的意识，你才会知道什么是征服，从而有所建树。

如果一个人改变不了自己的思想意识，就只能在颓废和愁苦的深渊挣扎。有人说，上帝让人类来统治这个世界，是给予人类的一份厚礼。可是，对于这份厚礼，我实在不感兴趣。

我只希望能获得掌控自己的能力，包括我的情绪、我的意识及行为。我知道，在这方面，我已经有了很大的成效。不管什么时候，我都这样想：

我只需控制自己的行为，就能控制自己生活的结果。所以，请让我们共同记住威廉·詹姆斯的话：

把情绪忧郁者的心态由恐惧转变为积极进取，那么，内心的苦闷也会随之转化为生活的赠予。

已故的西贝儿·派屈吉有 10 条"只为今天"的信条如今仍能发人深省：

（1）只为今天，我要快乐。如林肯所说："一个人只要有所决断就会很快乐。"此言甚是，因为快乐来自内心，而不是身外之物。

（2）只为今天，我要学会适应所有事物，而不试图让一切事物来满足我。我要以这种心态来对待我的家庭、事业和命运。

（3）只为今天，我要珍爱我的身体，并通过运动和保健不让它受到任何损伤，让它为我争取成功提供保障。

（4）只为今天，我要加强思想修养，集中精神读一些书，并学会认真思考，学一些有用的东西。

（5）只为今天，我要用三件事来陶冶我的灵魂：我要为别人做一件好事，并对其保密；此外，就像威廉·詹姆斯所建议的，为了锻炼自己，还要做两件我并不想做的事。

（6）只为今天，我要做个受人喜欢的人。外表给人整洁光鲜的印象，说话温和，举止优雅，大度待人。对任何事情都绝不挑三拣四，也不干涉或教训他人。

（7）只为今天，我要学会简化生活，不再企图一次解决很多问题。因为，我虽然能一整天持续做一件事，但不能在一天之内做完一辈子的事。

（8）只为今天，我要制订行动计划，任务具体到每个时段。也许我不会全部完成，但有所规划，至少可以让我避免两种缺陷：过分仓促和踌躇不决。

（9）只为今天，我要每天都为自己留出半个小时的休闲时间。在这半个小时里，我要让我的生命接触阳光。

（10）只为今天，我要努力消除心中的畏惧。尤其是，不要害怕快乐，要善于欣赏一切的美，勇敢去爱，并相信我爱的那些人同样爱着我。

培养"变负为正"的能力

　　失聪之后，音乐大师贝多芬仍创作出了大量的优秀作品，可见，生理的缺陷并不能完全阻止我们成功的步伐，有时甚至会激励我们作为。在写作这本书的时候，我曾去芝加哥大学拜访罗勃·梅南·罗吉斯校长，向他请教快乐之道。他告诉我："已故的西尔斯公司董事长裘利亚斯·罗伯特给过我一个忠告，我一直在遵守，他说：'如果你手中只有一个柠檬，就把它榨成柠檬汁。'"

　　这是一名伟大教育家的做法，但常人却大多不会这样做。要是他发现生活只给了他一个柠檬，他会非常沮丧地抱怨："太不公平了，命运连一点机会都不给我。"然后，他就开始诅咒这个世界，让自己生活在愤懑和不满中无法自拔。可是，如果一个智者拿到一个柠檬，他会说："我应该在这沮丧的现实中怎样做呢？这样的情况怎样才能改变呢？我何不把这个柠檬榨成一杯柠檬汁？"

　　伟大的心理学家阿佛瑞德·安德尔穷尽一生来研究人类的潜能之后说：人类最神奇的特性之一就是"变负为正"的能力。

下面我给大家讲一个寓教于乐的故事。故事的主角是一个名叫艾玛·汤普森的女人。她向我讲述了她的人生经历：

我的丈夫是名军人，战争那年，他驻防在加州莫嘉佛沙漠边上的陆军训练营里。为了离他近一些，我也搬到了那里。可时间一长我就待不下去了，烦得要命。我从来没有那样苦恼过，我丈夫被派遣去莫嘉佛沙漠出差，我只好一个人留在一间狭窄的房子里。那里热极了，简直叫人受不了，哪怕在大仙人掌的阴影下，温度也高达华氏125度。

这里没有人可以聊天，只有墨西哥人和印第安人，他们都不会讲英语。这里还不断地刮风，所有吃的东西、呼吸的空气里都弥漫着沙子，到处都是沙子！

面对当时的境况我真是难过极了，心情非常糟糕，于是我写了一封信给我的父母，告诉他们我无法忍受了，一分钟都熬不下去了，我想要回家，在这儿还不如被关在监狱里。父亲给我的回信只有两行字，但这两行字却深深地刻在了我的记忆中，使我的生活发生了改变。信上写着："两个囚犯从监狱的铁栅栏向外张望，一个看见了外面的烂泥，另一个看见了满天星光。"

我反复地阅读着这封信，感到非常羞愧，但心情却好了起来。我想既然环境没法改变，我一定要找出这里的可爱之处，看到满天星光。

从此我和当地的土著交上了朋友，他们对我十分友好。

当我表示很喜爱他们纺的布和制作的陶器时，他们便将自己最钟爱的东西馈赠给我。此时我意外地发现，这里的仙人掌和土著人织布时的样子竟然都那么美，我还听到了土拨鼠的故事，我看到大漠上空的落日，并时常去300万年前曾是海床的那片沙漠寻找贝壳。

是什么使我的心理产生了这样大的改变呢？莫嘉佛沙漠以及那些印第安人都没有发生改变，发生改变的是我的心态。我把那个看起来足以让人沮丧、无法生活下去的地狱看成了人间的天堂。回想起这段经历，我总是异常感动和兴奋。我为这段经历写了一本名叫《光明的城垒》的小说。我从自己的监狱往外望，看到星光漫天。

同时艾玛·汤普森还领悟到了公元前 500 年的古希腊人信仰的真理：

最好的那些同时也最难获得。

20 世纪，爱默生·福斯狄克说了下面这句话：

多数的快乐是一种胜利，而非享受。

不错，这种胜利源于你的成就感，也源于你把柠檬榨成汁的能力。

我拜访过一位住在佛罗里达州的农夫,他的快乐源于他把一个毒柠檬也做成了柠檬汁。当初他买下一个农场后,感到十分沮丧。因为那块地贫瘠得既不能栽培果树,也无法养猪。地里只能种白杨树,还有很多响尾蛇。沮丧过后他有了一个新的计划,他要把这块土地里的响尾蛇变成自己的财富。他的想法让人们吃惊不小。他建了一个响尾蛇农场,生产响尾蛇罐头。

前几年,我再去看他时,发现每年前来参观他的响尾蛇农场的游人多达两万人。原本让人望而生畏的响尾蛇给他带来了巨大的经济效益。他提取响尾蛇的蛇毒,为各大药厂提供制造蛇毒血清的原料。响尾蛇的皮被高价收购,厂商买来制作女式的鞋子和皮包。蛇肉做的罐头,很受各地的欢迎。这个村子已被更名为佛州响尾蛇村,用以纪念这位先生,他成功地把有毒的柠檬做成了味道甘甜的柠檬汁。

我喜欢旅行,因此得以结识很多人,他们其中很多人把看似无益的事情变得极具价值。

已故的《十二个以人力胜天的人》一书的作者威廉·波里索,做过下面的论述:

> 生命中最重要的事情是:不要把你的盈余拿来作资本,而大多数人都是这样做的。其实,真正理智的做法是,从你的亏损里去求得益处。而这需要一种智慧,这也是聪明人与平常人的不同之处。

这段话是波里索刚刚在一次车祸中摔断一条腿后说的。我认识的另一位失去双腿的人也非常了解"化负为正"的道理，他叫班·富特。我是偶然在佐治亚州大西洋城一家旅馆的电梯里邂逅他的。当时我一进入电梯，就注意到了电梯一角的轮椅上的这位先生，他没有双腿却显得十分乐观。

电梯停下时，他礼貌地请我让到一旁，以便他转动轮椅。"这样麻烦您，很对不起。"他说话时，笑容温和。

回到房间之后，我脑海里全是这个没有双腿，却一点没有不开心的人的影子。之后，我不由自主地去找他，请他讲一讲他的故事。他笑着对我说：

1929年，为了给菜园里的豆子做支架，我砍了一大堆胡桃木树枝。我把那些树枝装进福特汽车，在开车回家的路上，车的引擎突然被一根滑落的树枝卡住，此处恰好是一段急转弯，于是车子冲出路沿，撞在树上。我受了重伤，两条腿也从此瘫痪了。

那年我24岁，年纪轻轻的我再也无法走路了。

24岁就要靠着轮椅生活！当时，我的心里除了阴郁就是难过，抱怨命运对我的不公。在阴郁和悲观中度过了几年之后，我终于明白，抱怨终究无济于事。我知道，大家对我都很和善，也很照顾，所以我也应该善待自己，善待他人。

经过多年的砥砺，我已经能用平和的心态看待那一次事故。之后，我就开始了一种全新的生活。我开始读书，尤其对那些优秀的文学作品，我更是反复地阅读。在14年间我至少读了1400多本书，这些书带我进入了一个全新的境界，让我的生活变得丰富充足。我学会了欣赏音乐作品，那些曾让我感到厌烦的交响乐，却给我带来了很美妙的享受。但最大的财富还是得到闲暇去思考。有生以来我第一次懂得这样仔细地观察世界，有了真正的世界观。我开始了解，以往我所追求的事物，其实并没有多大价值。

看书使我对政治产生了浓厚的兴趣，我开始研究公共问题，我坐在轮椅上发表演说，也因此结识了很多人。今天，我虽然还离不开轮椅，但我已是佐治亚州政府的秘书长了。

至今为止，我在纽约市从事成人教育事业已经有35个年头。我听过许多成年人说他们此生最大的遗憾是没上过大学，认为没有接受过高等教育是人生的巨大缺憾。这种意识不一定正确，因为我所认识的许多成功人士甚至连中学文凭都没有。我常常对我的学生讲一个连小学都没毕业的人的故事。

他家境清贫，甚至父亲过世时的埋葬费都是由父亲的朋友们帮忙筹集的。父亲去世后，母亲在一家制伞厂每天工作10个小时，下班后还要带一些活回家做到很晚。

这个在困苦环境里长大的男孩，曾在当地的教堂参加了一次戏剧表演。此后他对演出产生了兴趣，因而决定学习演讲术，他所掌握的演说能力把他带到了政界。30岁的时候，他当选为纽约州的议员。

可他对这个职位却并没有一点准备。他曾告诉我，他甚至不明白议员要干什么。他需要过问和研究那些冗长且繁杂的法案，可这些法案摆在他的面前就像是天书。在他被任命为州议会林业事务委员会的委员时，他既诧异又担忧，因为他从没有迈入森林一步，在林业的管理方面他堪称一个白痴；当他当选为州议会金融委员会的委员时，他又是充满诧异和担忧，因为他甚至不知道如何在银行开户。他告诉我，他当时有一种被赶鸭子上架的感觉，他几乎想从议会辞职，只是因羞于向母亲启口才坚持下来。

在重压之下，他坚持每天苦读16个小时，最后将自己从一个没有多大用处的柠檬变成了一杯充满智慧的柠檬汁。他的努力没有白费，他从一个地方上的小人物变成一个闻名全国的政治家。《纽约时报》还送给他一个"纽约最受欢迎市民"的称号。

他是一个很有名的人物，他叫艾尔·史密斯。

在艾尔·史密斯进行了10年的自我学习、教育后，他成为纽约州最具权威的人物。他四度当选纽约州州长，这是纽约州空前绝后的纪录。

1918年，他成为民主党总统候选人，当时哥伦比亚大学和哈佛大学等几所名校，都授予了这个甚至连小学文凭都没有的人以名誉学位。

艾尔·史密斯亲口对我说：如果不是他当年一天苦读16

个小时，"化负为正"的经历，后来的事情都将成为泡影。

尼采这样定义超人：

在必要情况下不仅要忍受一切，更要耐着性子去爱上苦难。

我阅读越多事业有成者的传记，越是深刻地意识到，他们之中有很大一部分人之所以获得成功，同他们患有某种缺陷不无关系，这些缺陷促使他们加倍努力，从而间接地给了他们报偿。恰如威廉·詹姆斯所言："缺陷对我们有着意想不到的帮助。"比如，弥尔顿很可能就是因为失明，才他创作出更好的诗篇；贝多芬也许因为失聪，才谱出了如此优美的乐曲；海伦·凯勒之所以能获得辉煌的成就，正如她自己总结的：只有尽百倍的努力才能缩短因目盲与耳聋所被人拉开的距离；柴可夫斯基的生活之路也并不平坦，悲剧性的婚姻让他生不如死，可如果没有这些生活的不幸，他可能就不能谱写出不朽的《悲怆交响曲》；同样，陀思妥耶夫斯基和托尔斯泰如果一路坦途，也不可能写出他们的惊世之作。生命科学的创始者达尔文说："如果我没有这样的残疾，我也许无法完成这么多的工作。"他承认，残疾对他的意义难以名状。

达尔文出生那天，肯塔基州森林里的一间小木屋里诞生了另一个婴儿，他的名字叫作亚伯拉罕·林肯。他的缺陷不是在生理上，而是家庭贫困。如果他出生在一个富裕家庭，他不仅能从哈佛大学法学院毕业，还能过上美满的家庭生活。但也有一点可以肯定，那样的话，他绝不可能发表出像在葛底斯堡那样不朽的演说，也不会有第二次总统就职演说中的那句传世名言："不要对任何人心怀恶意，而要对每一个人怀有至善真爱。"

在《明察一切》一书中，作者哈瑞·爱默生·福斯狄克说：

> 斯堪的纳维亚半岛上有句谚语说得好：北方的冷风更有助于我们成长。不同的环境可以造就各种不同的人，每个人都担负起自己的责任，才能明白这句话的深意。

现在，如果你还是觉得根本没办法把柠檬榨成柠檬汁，那么，我们就为你提供做柠檬汁的两个动力：

（1）坚信我们可能成功。

（2）前途永远是光明的。

所以，丢掉否定的思维吧，因为只有肯定的思维才能让我们对前途充满信心。一次，全世界最著名的小提琴家欧利·布尔在巴黎举办一场音乐会，演奏时小提琴的 A 弦突然断了，于是欧利·布尔就用剩下的三根弦将那支曲子演奏完成。如果你的 A 弦断了，就争取继续用其他的琴弦完成演奏，你才是生活的主宰者！

保证睡眠的质量

　　睡眠几乎要占去人生三分之一的时间，可见睡眠有多重要。但很多人并不知道睡眠的价值，认为睡眠是件很自然的事，刻意去了解它毫无意义，同时也并不清楚自己究竟需要多久的睡眠时间。

　　你因为失眠而焦虑过吗？国际知名律师安特梅尔一生都没有睡过一个好觉。上大学时，他患有气喘病，这让他长时间无法入睡，当时气喘和失眠都无药可医。睡不着时他就起来看书，因为这个，他的学习成绩在班上总是名列前茅，在纽约被赞誉为天才。成为律师后，他的失眠症依然没有消除，他总是以"上帝会保佑我的"来安慰自己。由于这种信念的存在，他的睡眠时间虽然很少，可身体却异常强壮，甚至比其他律师都要精力旺盛，他的工作量也超乎常人的想象。

　　安特梅尔 21 岁时，年薪已高达 75000 美元，很多年轻的律师都来向他请教。1931 年，因他办成一宗很重要的案子，律师费一度达到了百万美元。在事业上，安特梅尔可谓到达了巅峰，且名利双收。尽管每天的午夜他还在读书，可到了凌晨 5 点钟，他就爬起来写信。在别人刚开始工作之时，他的工作已经进入高效率阶段。但失眠的沉疴依然如故。他从未体验过酣睡是一种什么样的感觉，可他也从没有把这件事情放在心上，只是顺其自然，他最终活了 81 岁。

在第一次世界大战中，一位叫保罗·凯的匈牙利籍士兵脑部负伤，痊愈后，他却再也睡不着觉了。他用遍了所有催眠术、镇静药物，结果全都无效。此事成了世界一大奇迹，打破了有史以来人们对睡眠不可或缺的认识。

一些现实表明，人们对睡眠需求的程度也因人而异，有些差异还很大。有些人的睡眠时间很长。指挥大师托斯卡尼尼每天睡 5 个小时，而美国总统卡尔文·柯立芝每天要睡 11 个小时才能保证有精力应对一天的工作。也就是说，托斯卡尼尼的睡眠占用了他整个人生的五分之一，而柯立芝则占用了二分之一。

因失眠产生的焦虑对于健康的损害远大于失眠本身，我的学生桑德纳被失眠折磨得痛苦不堪，他告诉我他想过要自杀：

起初，我的睡眠极深沉，闹钟都吵不醒我，以至于常常上班迟到，也常遭到老板的训斥，并扬言限期内不改正就开除我。

为了改变这种状况，一位朋友给我出了一个主意：他建议我入睡前听闹钟的滴答声。我照做了，但滴答声不断，使我心神不宁，导致了我后来的无法入眠。等到天亮时，我就像害了一场大病一样。失眠令我倍受煎熬，深夜还在来回踱步，实在难受时甚至想从窗口上跳下去一死了之。

我知道这样下去不是办法，我找到一位熟悉的心理医生。他对我说："我实在对你爱莫能助，解铃还须系铃人，但作为朋友我还是给你一点建议：一到晚上你就试着躺在床上，但将睡觉这事完全抛在脑后，并在心里暗暗告诉自己，睡不着没什么大不了的，就是一宿不睡也无所谓，然后你就将眼睑一合，什么都不想就是了。"

我遵照此法实验了两个多星期，说来也怪，渐渐的我就能睡着了，不到一个月，我就恢复了以往的睡眠。

可见，失眠并不完全是生理原因，真正的罪魁祸首是心理负担。

克莱德曼教授是芝加哥大学研究失眠症的著名权威，他说：

失眠不会直接要人性命，它带给我们的生理伤害要比心理压力小很多，失眠带来的烦恼和忧愁，才是损害我们健康的元凶。

失眠并不是完全没睡着，有时你进入了睡眠状态，可能自己并不知道，那些说昨夜根本没有入睡的人，可能在不自知的情况下比别人睡的时间还长。

举个例子：19 世纪杰出的思想家斯宾塞特别厌恶喧闹，他为保持安静戴上耳塞，甚至为了能让自己早点入睡还抽上了大烟。一天晚上他同朋友休斯同寝，第二天清晨，斯宾塞烦躁地说他一夜都未入睡，其实，真正未睡的是休斯，原因是斯宾塞如雷的鼾声吵得他无法入睡。

酣睡的第一要素是情绪安宁，一个人只有在无任何烦恼和忧心的情况下，才会沉入睡眠，并睡到自然醒。精神病权威海斯鲁普教授说过，祈祷，从医学的角度来说，是获得情绪安宁的最佳方式。

麦克唐纳女士说，只要她一因焦躁或精神紧张而不能入眠时，她就反复朗诵赞美诗："主是我的牧人，他让我远离贫乏，置我于如茵绿草之上，引我到湍湍溪水旁……"然后，我也不知道从什么时候起，早就睡得不省人事了。

假如你不相信这些，祈祷于你也没有任何帮助的话，那么你就尽量从头顶、眼部、脖子……直到全身地放松一下自己，达到完全休息的状态，抛却一切紧张和压力，或许，对改变你的失眠症会有效果。

还有一种根治失眠的方法，就是用游泳、打球、滑冰等体力运动使自己疲倦，来达到入睡的目的。

真的疲劳过度时，即使站着都能睡着。我13岁那年，有一天和父亲一起去集市卖猪，因为出去晚了，没赶上班车，我们只好一路走着去集市，沿途的美景让我陶醉并兴奋不已。可是路程实在太远，我也太累了，以致最后我睡着了。那时的情景还记忆犹新，当时是父亲牵着我一步步走的，我对外部的事情一无所知，就这样边走边睡到了集市。

即使在命运难测的战场上，人也会因倦极而入睡。即使有人扒开你的眼皮，也不会影响你继续睡眠，而更奇妙的是，此时瞳孔会一律向上方翻转。福斯特·肯尼迪博士曾经参加过战争，他说："每当我无法入睡时，我就把我的瞳孔向上翻，这方法很有效，会立刻产生睡意。"这是生理上无法阻止的条件反射。

相信现在不会有人再因失眠而自杀了，我想，以后也不会有人这么愚蠢了。

我记得林克博士在《人的再发现》一书的"怎样克服恐惧和忧愁"一章中记录了他与轻生患者的一次交谈。

林克明白，对一个决意要自杀的人来说，无论怎样的劝说都毫无用处，还可能让事情变得更加复杂。于是他对那个患者说："假如你真想死，那就勇敢地去吧，先拼命跑步耗尽体力，最后累死，这不是很好的死法吗？"

那位患者认同了这个建议，接下来就一次次地跑，跑不动了歇一气再接着跑。他每跑一次，心里就顺畅一些，到了第三天夜晚，他实在太疲劳了，倒在地上就鼾声大作。这就是林克的目的。从那以后，这位病人不再提自杀而是加入了体育锻炼的行列，再往后他的身体完全康复了，也生活得很好！

用工作来消除忧虑

在我的培训班上，有一个叫马利安·道格拉斯的学员，他讲述了一个故事，这个故事让我终生难忘。他说：

我们家曾遭受过两次重大的打击。

一次是我5岁的女儿不幸夭折，这一重大的打击让我和妻子痛不欲生。好在10个月后，上帝又赐予我们一个女儿，可是，她也仅仅活了5天就也夭折了。

这双重的打击实在是太大了。对此我根本无力承受，从此睡不着觉，茶饭不思，在伤痛的深渊中挣扎。精神处在崩溃的边缘，完全丧失了生活的信心。最后我只得去求助医生。一位医生建议我服用安眠药，另外一位医生建议我出去旅行。可这两个方法我都试了，并不管用。

我的全身像被一把钳子紧紧地钳着，而且越收越紧。此时可能只有我的爱人才能明白这种悲哀对我身心的摧残有多大。

然而，幸运的是，我还有一个4岁大的儿子，是他带我走出了那段难熬的日子。一天下午，我正在发呆，还在想着过世的女儿，儿子跑来对我说："爸爸，你给我造一只小船吧。"此时我对所有事都提不起兴趣，哪还有心思给儿子造船，但是，儿子对我不依不饶，为了满足他的心愿，我只好帮他造船。

制作那只玩具船整整花了我3个小时，当把船给儿子时，我突然发现，这3个小时，是我这几个月来最放松的时候。这种久别了的松弛与平静让我从沉重的痛苦中清醒。几个月来，我第一次开始回顾生活中出现的问题。我发现，只有在我专心工作时，才不会有什么忧虑。比如，为儿子制作那只玩具船就暂时让我摆脱了忧虑，因此，我决定以后让工作来替代我的忧虑。

我决定从做家务事开始，第二天夜里，我排查了家里的所有角落，把要做的事情全部记了下来。需要维修的有书架、楼梯间、窗户、门锁、损坏的水龙头等，出乎我意料的是，这些物品竟有两百件之多。

两年后，记录的重要事情早已做完了，我又开始充实新的生活内容。每个星期都要抽出两个晚上去成人教育班学习；积极参与社区的各种公益活动。主业是在一所学校担任董事会主席；出席社会上的各种会议，策划红十字会和其他机构的募捐活动。如今，我的所有时间都被各种事务占满了，忧虑再也没有立足之地。

第四篇
展望美好生活

在二战期间战事最吃紧时，英国首相丘吉尔每天的工作时长都在 18 小时以上。有人问他，你是否为责任重大忧虑过，他答道："我忙得没有时间去忧虑。"

在研发汽车的自动启动器时，查尔斯·柯特林先生也有过类似的情况。柯特林曾任通用公司的副总裁，一直主持通用汽车的研发工作直到退休。他当初一贫如洗，在一个破旧的仓库里做实验。为了购买材料，他以 1500 美元的价格卖掉了妻子的钢琴，用人寿保险单做抵押获得 500 美元贷款。我问过柯特林太太，那时候她是否为此忧虑？她说："是的，当时我很担心，为此而失眠。可是，我的先生却一点也不忧虑。因为他成天工作在实验室，根本没有时间忧虑。"

法国科学家巴斯德说："在图书馆和实验室的人内心都是平静的。"为什么那里的人内心平静呢？因为图书馆和实验室里的人大多是在心无旁骛地阅读或工作，没有为琐事思前想后的时间。科研人员极少出现精神问题，他们的生活因工作而充实。

让自己忙碌起来，忧虑就会消失吗？心理学上有一条很重要的定理：一心不能二用。

无论一个人的天赋有多高，他都不可能在同一时间思考两件以上的事情。这可以通过实验来证实：现在，你闭着眼睛躺在床上，同时想自由女神像和明天上午的工作安排。结果是，你只能在想完一件事情后，再想另外一件事情，而无法同时想两件事情。人在生活中也是如此，我们不能在做一件事情时，又对另一件事忧心忡忡。这就是说在一个人身上也不可能同时存在两种情绪。

二战时，心理医生就曾把这种方法成功地应用到军队中，创造了心理治疗的奇迹。战争时期，很多人因为战争中的血腥场面而内心受到重创，患上了精神性疾病。军医的治疗方法是：尽量让他们有事做。一觉醒来，就安排他们活动，让他们钓鱼、狩猎、打球、摄影、修整花园以及跳舞等，让他们因忙碌而没有时间去回忆战争中的血腥场面。

"工作疗法"是治疗心理疾病的一个良方，它是公元前500年古希腊医生发现的。费城教友会的教徒在本杰明·富兰克林时代也曾采用过这种方法医治精神病患者。1774年，访问费城教友会疗养院的外国人看见一些精神病人正在织布，他们对此非常惊讶。

这些外国人认为这是精神病人在自我摧残，对此教友会的负责人解释道，让这些病人做一些轻松的工作，会有助于他们病情的好转，这是在对他们做一种非常有效的治疗，十分益于他们情绪的恢复。

在失去妻子后，著名诗人亨利·朗费罗也领悟到了这个道理。一天晚上，朗费罗的妻子在点蜡烛时不小心烧着了衣服，火势很快蔓延开来，她发出惨叫，等朗费罗赶到时，他的妻子已被严重烧伤以致死亡。

这以后，妻子被烧的惨景总是萦绕在朗费罗的脑海，使他苦不堪言。但他的三个幼子在等待他的养育，他不得不将悲痛抛在一边，又当爸又当妈。他带他们去玩耍，给他们讲故事，尽量让孩子们开心。后来，这段父子间的生活经历被他整理成诗集并出版，取名为《与孩子在一起》。同时，他着手翻译了但丁的《神曲》。这些工作让他一刻都不得闲，渐渐地，工作让他慢慢摆脱了悲伤，重获了正常的心境。

在失去挚友亚瑟·哈兰后，作家丁尼生说："我必须工作，不然我会因思念挚友而绝望。"

对一个人来说，只要有工作可忙，就很少会出现精神上的问题。而一旦闲下来，忧虑或许就会乘虚而入，因此，我们要尽量不让自己过于清闲。

无事可做时，大脑通常空空如也。这时，立刻就会有一些杂念来填补空白。通常来说，这些杂念就包含忧虑、恐惧、仇恨、嫉妒和羡慕等情绪，时间长了它们就会吞噬我们心境中的和平与快乐。

对此，哥伦比亚师范学院的教育学教授詹姆斯·默尔见解独到：

> 通常，在你忙完工作后忧虑就会来骚扰你。这时，你的思绪会很烦乱，各种想法都会浮现在你的脑海，即使小的失误也很容易借机膨胀。你的内心就像一辆失去束缚的空车，胡乱冲撞，直到毁掉自己。而有意义的工作却是消除忧虑的最佳工具。

二战期间，我坐火车从纽约去密苏里农场，在餐车里结识了一对夫妇，那位女士是一名家庭主妇，她向我讲述了她消除忧虑的方法。

她说，她的儿子在珍珠港事件后，加入了陆军。儿子走后，她整天担忧儿子的安全，他现在有没有危险？是否在前线？受没受伤？不会阵亡吧？几近情绪崩溃。

我问她是怎样走出忧虑的，她说：

> 我找些事情，想办法让自己忙碌起来。首先，我辞掉了女佣，自己来做家务，但这效果不大。因为，我做家务太轻车熟路了，根本不能耗费精力。我拖着地，洗着碗，还止不住担忧。我意识到必须要找一份能使我的身心劳累起来的工作。因此，我去了一家商场当营业员。

> 工作时，我被顾客们不停地询问价钱、尺码、颜色、布料等，这让我一刻都不得消停，根本没有时间想其他问题。回家后，我感到浑身酸痛。吃过晚饭一躺下就睡着了，想忧虑都没时间。

约翰·考尔·波斯在《遗忘痛苦的艺术》一书里说："在工作时，人们往往会精神镇定，并获得舒适感和安全感，内心平静且愉悦。"

女探险家奥莎·约翰逊也讲了一个关于摆脱忧虑和悲伤的故事。

她16岁时与马丁·约翰逊结婚。婚后，他们离家迁居婆罗洲的原始森林。在此后的 25 年里，他们环游世界各地，为亚洲和非洲行将消亡的野生动物制作纪录片。

后来，他们回美国进行巡回演讲，为人们放映所拍的纪录片。一次，在他们从丹佛城乘飞机前往西海岸时，飞机失事，她的丈夫不幸罹难，据医生诊断，奥莎也只能在床上度过余生，但医生说错了。3 个月后，奥莎就在轮椅上为公众做了一次演讲。为此，她坐在轮椅上练习了一百多次。我问她为什么这样做，她说："只有这样才能让我躲开忧虑和悲伤。"

奥莎·约翰逊发现了 100 年前丁尼生以诗句阐述的这个道理："让我们在工作中获得安宁。"

如果一个人不知道充实自己的生活，任凭时间虚度，各种杂念就会涌进内心，控制其自制力。在南极时，海军上将白瑞德对此深有体会。那时，他躲在南极的小屋里孤独地过了 5 个月。在这 5 个月中，方圆 100 英里之内，没有任何生命迹象。气温低到直接把呼出的气结成了霜。他在其所著的《孤寂》里记录了这段经历。他需要不停地忙碌，才能避免发疯。他在书中回忆说：

> 我利用每晚入睡前的时间安排明天要做的事，这已成为习惯。例如，明天要维修逃生用的通道；清理装燃料用的油桶；在储藏室旁边再挖一个洞穴，以存放书籍；然后，对雪橇进行维修……
>
> 我每天都以此来消耗时间，这才让我没有发疯，以致我

产生一种感觉，觉得自己可以适应这儿……假如无事可做，生活就会失去目标。没有目标，心里就不得平静，最后，精神就会垮掉。

如果我们在生活中常因一些事情而感到忧虑的话，可以试着用"工作疗法"来消除。哈佛大学医学院教授李察·科波特博士曾感慨道：

> 作为一名医生，当我看到许多曾饱受忧虑、抑郁、疑惑和恐惧等不良情绪困扰的人，通过工作逐渐得到康复，我就感到十分宽心。就像爱默生所倡导的"依靠自己"那样，工作会给人带来意想不到的奇迹。

我认识一位纽约商人，他为了不为杂念缠扰，总是主动找事来做，他是我的成人教育班的学员。他克服忧虑的经历很有意思，让我至今记忆犹新。一天下课后，我们在餐厅里边吃晚餐边聊天，直到深夜，探讨他的经验。下面是他向我叙述的故事：

> 18年前，我因过度的忧虑而得了失眠症。心里感到非常压抑，经常无端地发脾气，精神就快要垮掉了。
>
> 那时我在王冠水果公司做财务主管，公司投资了50万美元用以生产罐装草莓罐头。20年来，这种罐装草莓一直供应给冰激凌生产厂。突然有一天，我们的销售量大幅下降，

原来冰激凌制造商为了削减成本、提高利润，改为购买鲜草莓了。

由此我们价值50万美元的草莓罐头滞销在库里，不仅如此，在一年之内，按照合同要求，我们还要再购进价值100万美元的鲜草莓，为此我们事先已从银行贷款了35万美元。货物积压使我们无法偿还银行贷款。作为财务主管，这些事让我寝食难安。

我将此事向董事长做了详细的汇报，并提醒他我们有面临破产的危险。但是，他不相信这一切，并把责任全都推到纽约分公司所有业务员那里。

经过几天的努力，我最终说服他停止生产，并将鲜果送到市场上出售。这样一来，我们的困难很大程度上得到了解决，按理说，我不应该再忧虑了，可我却无法做到这一点。忧虑是一种恶习，一旦养成就难以去除。我回到纽约后，仍然为每件事情忧虑，例如从意大利购买的樱桃、在夏威夷购买的菠萝等应如何处理，这些事仍然折磨得我不得安眠。

绝望中，我改变了原来的生活方式，结果，我不再失眠，也不再忧虑了。我的这种生活方式的改变其实就是把精力和时间都投在工作上，不让自己有时间来忧虑。之前我每天工作7小时，后来每天工作十五六个小时，直到午夜。我还挑起了其他工作。当忙完所有的工作回家时，已是筋疲力尽，躺在床上就进入梦乡了。

　　3个月后，我的忧虑被克服了，每天工作七八个小时，回到了正常状态。至今18年过去了，我再也没有过忧虑。

　　萧伯纳有句话很值得我们品味："许多人之所以感觉不到快乐，是因为他们用太多时间来忧虑自己是否快乐了。"因此，没有必要去忧虑，让自己忙碌起来，忙碌是忧虑的克星。

不要为低概率的事担忧

我的童年是在密苏里州的一个农场里度过的。一次在帮助母亲采摘樱桃时，我突然哭了起来。母亲问我："孩子，你哭什么呀？"我抽泣着对母亲说："不要把我活埋在樱桃树下。"

那个时候的我整天心神不宁。我怕下雨时被雷劈死、怕在日子困苦时被饿死、怕死后下到地狱、怕一个名叫詹姆·怀特的男孩割我的耳朵，因为他曾经说过，我担心女孩子们会在我对她们示好时嘲笑我、担心以后会娶不到妻子、担心婚后与妻子难以交流、担心有那么一天，在乡下的牧师面前完成婚礼后，我与妻子共乘一辆马车回家，但在回去的路上却与妻子无话可说。以上我的恐惧与担心都是我在农田里时所困扰我的。

成年以后，我才知道当初我所担心的事情，多是杞人忧天。例如，小时候害怕的雷劈，概率不过是三十五万分之一。至于我担心自己被活埋，更是一件非常荒唐的事。

假如现在要问我有什么可担心的，那就应是癌症，因为据统计有八分之一的人死于癌症而不是雷电，或是活埋。这只是我在孩提时代和青春期所忧虑的事情，然而，也有许多成年人也被类似的忧虑所困扰。如果人们能够先了解所担心事情的概率，再来决定是否有忧虑的必要，那么十之八九的忧虑都可能被消除。

伦敦有一家世界知名的苏艾得保险公司，就是瞄准了人们无端担忧的心理，获得了巨大收益。苏艾得保险公司其实就是在与人们打赌，赌的是人们所担忧的灾祸会不会出现。当然，他们会把赌博挂上"保险"的招牌。其实，这是一种依概率而为的赌博。这家保险公司已历经200年，只要人的本性不变，它就会长盛不衰。

我们无须为不可知的事情而担心。要是我们真的能预知未来，知道 5 年之内，会有一场像葛底斯堡战役那样惨烈的战争，那必定会忧心忡忡，还要事先去购买人寿保险，同时还得立下一份遗嘱，规划身后事。并且还会告诉自己说："我从这场战争中幸存下来的可能性并不大。所以，在这 5 年里，我要尽情享受生活的乐趣。"但实际上，人们不具备天算的能力，一般情况下，50 至 55 岁的人中，每千人死亡率，与葛底斯堡战役 16 万大军的阵亡比例几乎相同。

一个夏日，我在波尔湖边邂逅了赫伯特·赛林格夫妇。赛林格夫人看上去优雅淡定，乐观安详，好像从没被什么事烦忧过。夜里，我们围坐在炉火边，我问她是否遇到过什么烦恼的事？她反问我说：

　　　　有没有过烦恼？我的生活差点就被烦恼给毁了。我因庸人自扰，在忧虑中度过了11年岁月。那时，我性格暴躁，常无端发怒，一直被紧张不安的气氛包围。我每个礼拜都会坐车去旧金山购置日用品。就是在购物时，我也焦虑不断：我担心出门时电熨斗没有拔下电源，会引发家里的火灾；担心女佣会对孩子们不闻不问；担心孩子们骑着自行车出去会遭遇车祸。因此，即使购物时，我也常因忧虑而汗流浃背，就在这种糟糕的情绪中，我的第一次婚姻失败了。

我的第二个丈夫是位性格稳重的律师，他对事情的判断比较理性，从未因任何事而忧烦过。他经常安慰我说："不要为什么事而烦恼，让我们来分析一下，你担心的事情发生的概率有多大？"

我记得有一次我们驾车前往卡斯巴德卡文斯，在一条土路上行驶时赶上了暴风雨。

车在泥泞中行驶很难驾驭，我担心我们会滑到路边，掉到泥沟里去，但是，我的丈夫却异常冷静："我已经把车速降到最低了，不会有事的。就算我们滑到沟里，我们也不会受伤的。"他的冷静和信心最终彻底消除了我的担心。

有一年夏天，我们去加拿大洛基山托昆峡谷野营。我们在海拔700英尺的营地搭帐篷时，突遭暴风雨，暴风雨似乎要把我们的帐篷扯成碎片。用绳子绑在木桩上的帐篷在狂风中抖动，发出很大的声响。我担心帐篷会被狂风掀翻，心剧烈地跳个不停，极度地恐惧，但我的丈夫一直都在安慰我："亲爱的，相信我们的向导，他们经验丰富，对这里的情况了如指掌。他们所搭建的帐篷至今还没有被毁于大风的记录。今天夜里也不可能发生意外的事情。就算真的出问题了，我们还有另外一个帐篷，可以很快转移，所以没有必要为此事担心。"我的心情得以宽慰，很安然地进入了梦乡。

在加利福尼亚州一带，小儿麻痹症曾十分肆虐，如果是在几年前，我一定会为此而恐慌。这次我却在丈夫的开导下保持了异常的镇静。同时，我们采取了严格周密的防范措施，不让小孩去学校或影院等公共场所。我们询问过卫生局的专家，在小儿麻痹症发病高峰期，整个加利福尼亚州也只有1835名儿童受到感染。一般情况下，感染人数在200至300人之间。从概率上看，每个孩子感染此病的概率极低。

"通过计算概率，确定你担心的事情并不会发生。"这句话驱走了我九成的担心，这20年来，它让我的生活健康快乐。

基本上所有的烦恼，都是假想出来的。回头审视过去的生活，我发现，我们绝大多数的烦恼都是自己在吓唬自己。纽约富兰克林市场的詹姆·格兰特介绍说，他的经验也是如此。他是格兰特批发公司的负责人，每次都要从佛罗里达州购买十几车橘子。

他告诉我说，从前他经常用一些自己想象出来的危险来困扰自己。例如，万一遭遇车祸，我的水果不就得滚得满山遍野吗？汽车过桥时桥会不会断？水果其实早已上过保险，但他依然担心会有意外发生，致使公司蒙受损失。他最终因担忧过度而患了胃溃疡。医生告诉他，他的身体没有生理性病变，问题出在他的精神过于紧张。他对我说：

> 我直到此时才开始醒悟，并进行反思。我这些年，共买进过2.5万车的水果，只发生过5次车祸，也就是说出事的概率只有五千分之一。那还有什么值得整天提心吊胆的呢？
>
> 我问自己："格兰特，在过去的这些年里，有因桥的垮塌而使我们的水果出事故的例子吗？"结果是没有。我又自问："那么，你只是为五千分之一概率的车祸而闷闷不乐，还因此被胃溃疡折磨，值得吗？"
>
> 当我再回过头来想这些事时，才认识到从前的自己是多么不理智。于是，我对自己说，以后不管遇到什么事，一定要先看看它发生的概率有多大。从此，我不再为不着边际的事情而忧虑了，胃溃疡也好了。

纽约州州长阿尔·史密斯在处理事务时，常常用这样的话来应对政敌的攻击："让我们翻开记录……让我们翻开记录吧。"然后他会当众摆出事实。如果你再无端找出一些事情来困扰自己时，不妨按照阿尔·史密斯所说的，也翻翻从前的记录，看看我们为此而进行的忧虑到底有没有事实依据和理由。当年，士兵弗莱德雷·马克斯泰就是这样做的。以下是他在纽约成人教育班上讲的一个故事：

> 1944年6月，我正在奥马哈海滩的散兵战壕里休息。我

们登陆诺曼底时，第一眼看到的就是地面上排列着的长方形的散兵战壕。我对自己说："这看起来多像一堆坟墓啊。"我在散兵战壕里入睡，感觉自己真的就像躺在坟墓里一样。

这天深夜11点钟，德军的轰炸机驶来，对着战壕倾泻下无数炸弹，我被吓得魂不附体。一连三天的轰炸，让我怎么都睡不着，到了第四天夜里，我的精神濒临崩溃。我对自己说，再这样继续下去，我不死也会疯掉的。但我又一想："5个夜晚都已熬过去了，我不是还皮毛未伤吗？并且，我们这个战斗小组的人员无一阵亡，只有两个人受了些轻伤，而且还是被我方的高射炮弹碎片误伤，并不是被敌军击中的。"于是我决定做一点积极的事情以消除心中残存的恐惧，我在散兵战壕上架起了一层厚木板，以防止碎弹片的打击。

我还对自己说："除非炸弹能准确地扔进这个狭窄的散兵战壕里，否则，我绝对不会被炸死。"经过估算，炸弹直接扔进这里的概率不足万分之一，这让我更加能够安然入睡。

美国海军对安稳军心很有办法，比如运用概率数据。一个曾在海军服役的人告诉我，他刚进海军时被分到一艘油船上，分到这里的士兵都非常害怕。因为他们知道，运载汽油的船，一旦撞上鱼雷，所有人都不可能生还。

美国海军司令部为了消除士兵们的担心，下发了一组精确的统计数字表给他们看。统计表显示，每 100 艘不幸遭到鱼雷攻击的油轮中，有 60 艘能够坚持航行，在瘫痪的 40 艘油轮里，也只有 5 艘会在 10 分钟内沉入海中。

看来，就算遭遇攻击，也有充足的时间用来逃生，伤亡的人数也并不高。这组数据让水兵的烦恼慢慢地减轻，直至烟消云散。前海军士兵克莱德·马斯，现住在明尼苏达州保罗市，他对我说："后来船上士兵的情绪都很高涨，因为仔细算来，他们已经知道死在油轮上的概率微乎其微。"

生活的状态由思想决定

小时候我总喜欢在一间老木屋的楼台上玩耍。有一次，我从楼台的窗台上跳下来。当我下坠时，我左手食指上的戒指恰被一枚铁钉钩住了，结果我的整个食指被扯掉了。

我惊恐地尖叫，十分恐惧，认为手已经没有救了，但是后来我的手康复了，我也没有感到少一个手指有什么麻烦。烦恼无益，现实需要直面。

几年前，我在纽约商业中心大楼的电梯里，碰到一个失去整只左手的人，对话中我问他会为缺少一只手而遗憾吗？他说："不会的，我感觉不到它在与不在的不同。只是在做事的时候，有时人手不够，我才会想起这家伙。"

在荷兰阿姆斯特丹 15 世纪教堂的遗址上，刻有一行字，现在仍清晰可见。字是刻在石柱上的法文格言："如果事情是这样的，就不可能是别样的。"

在生活中，每个人面对无法避免的事实只能坦然地接受，如果我们拒绝面对它们，那只能徒增毫无意义的烦恼，直到心力交瘁。

心理学家威廉·詹姆斯曾经对人们提出忠告：坦诚地接受那些已经无法更改的事实。这是应对各种不期而至的厄运的首要前提。

伊丽莎白·康妮住在俄勒冈州波特兰市，她历经了一系列的痛苦之后，才体会到上面所提忠告的意义。她在给我的信中这样写道：

在美国举国欢庆陆军于北非大败德军的那天，我却收到一封国防部发来的关于我侄子在战斗中失踪的电报。过了没多久，另一封电报来了，告诉我，我侄子已经阵亡了。我为此痛哭不已。在此之前我一直感到自己是个幸福的人，所有的事都让我满足，是我把侄儿拉扯长大的。他具有年轻人的所有优良品质。我认为，我所付出的一切没有白费。但那份电报，却击碎了一切，几乎让我丧失了生存的信念。

我对工作失去兴趣，对朋友也少了往日的热情。我觉得生活改变了，变得充满悲伤和怨恨。为什么战争要夺去我挚爱的侄子的性命呢？为什么这样优秀的青年，在还没有品味生活的美好时，就离开了世界呢？这个事实让我难以面对。我因悲伤过度准备辞掉工作，去过隐居的生活。

在我清理物品时，发现了一封落满灰尘的信，这封信是我母亲去世时，侄儿从外地寄给我的，我几乎都忘记了。信上说："我们大家，特别是您，都十分伤心，但我相信您不会就此一蹶不振的。相信您的意志会帮助您战胜悲伤。我永远不忘您的教诲，无论身在何处，我们都要笑对生活，像勇士一样去面对人生。"

我一遍一遍地读着信，好像这个时候侄子就坐在我的旁边，和我促膝交谈。他似乎告诉我，你应当按照你所教导的那样去做，不管生活如何，都要勇敢地去面对，以微笑驱散心中的阴霾。

因此，我又回到了工作岗位，开始了新的生活。

我开始给前线的士兵写慰问信，他们同样是最优秀的孩子。晚上，我来到成人教育班结识新朋友，从中寻找新的快乐。我简直无法相信在我身上发生了这样大的变化，我已渐渐扫去了悲伤的阴霾。现在，我再次感觉到我仍是世界上最幸福的人，对此我要感谢我的侄子，让我成功地度过了难以接受的打击，让我的生活比以往更加充实、丰富。

伊丽莎白·康妮觉悟到了我们所有人都无法逃避的道理：我们必须习惯于接受那些躲不开的事实，即使这并不容易。即便你是坐拥天下的皇帝，也要有这样的准备。在白金汉宫英国女王的书房中悬挂着一条字幅："不必为月亮阴晴圆缺而伤心，也不要为洒掉的牛奶而叹息。"德国哲学家叔本华说过："你迈开人生脚步前最重要的一课，是学会直面那些不可避免的事物。"

显然，决定我们命运的，不是我们周围的环境，而是我们对周围环境的看法。

只要勇于面对生活，所有的灾难和悲剧都无法击垮我们，再糟糕的事情也都会过去的。我们或许会认为自己很弱小，事实上，心灵的力量大大超越我们的想象，只要加以正确运用，它就能指导我们战胜所有的困难。

小说家史恩·塔金顿曾说："我能够接受生活中发生的所有事情，唯独不能接受的是失去视力。"

在他60岁的一天，当他低头看地毯时，却突然感到整个空间都变得黯淡了，更别说辨别地毯上的花纹。他去找眼科医生寻求帮助，诊断结果给了他当头一棒：他即将失去视力，一只眼睛接近全盲，另一只距离失明也只是时间得长短了。他最担心的事情，还是来了。

但是，塔金顿是如何应对这种"无法躲避的灾难"的呢？他是否会捶胸顿足，大呼老天不公呢？他并没有，依然还是谈笑风生。以前，浮动的黑斑点在他眼前晃动，遮挡他的目光会令他发火。但是如今当那些变大的黑斑点再次飘过他眼前，他却会说："嘿！这个老东西又来了，大好的天气，闲逛什么呀？"

他在完全失明后说："我发现，接受失明，与承受其他不幸并无二致。假如我的五种感官都丧失了其功能，我仍能够继续生活。因为我们在心灵的世界里，同样可以环视四周，无关眼睛能否看到外面。"

为了让眼睛复明，塔金顿在一年的时间里做了12次手术。他没有拒绝这些手术，哪怕只能做局部麻醉，因为他明白，现实就是现实。

坦然地面对当下，是减轻痛苦的一种有效方法。塔金顿拒绝进入高级病房，而是同其他病人一样住在普通的大病房，和其他病人共享苦乐，还试着去开导别人。当他经历了一次次的手术后，他反倒认为这是神的垂青。他说"多神奇啊，现代医学可以对像眼睛这样精微的部位动刀了。"

对于一般人来说，做了12次以上的眼部手术，以及双眼失明的不幸，都是难以承受的，但塔金顿却说："在我看来，多么快乐的经历也不能取代这一次糟糕的体验。"这次经历让他彻底学会了怎样去面对人生，也让他知道了，人生没有越不过去的坎。弥尔顿说过："失明并不可怕，可怕的是你害怕失明。"

即使我们退避，或是反抗、心怀愤懑，也依然改变不了那些板上钉钉的事实。但是，我们可以改变自己。

我现在明白了这个道理，因为我曾经历过。有一次，我试图拒绝发生在眼前的事实，并进行抵制，结果让我痛苦不堪。我把让自己不快的往事都回忆了一遍，如此自虐了一年的时间，最终还是接受了那些不以自己意志为转移的东西。

我放了12年牛，还没有见到哪头母牛因为草不好、天旱、天热或天冷，或是公牛泡上了其他母牛而暴躁咆哮。动物都能泰然面对环境，相信人类不会不如动物吧？

　　那么，是不是我们遇到任何不幸都理应将它吞下去呢？事实并非如此，如果这样我们则成了宿命论者。在厄运面前只要还有一线逆转机会，流汗流血也要去争取。可是，当木已成舟之时，就应当保持克制，认输出局。

　　哥伦比亚大学霍克斯院长以一首儿歌作为座右铭：

　　　　世间的疾病数不清，

　　　　找一找有没有医治的良方。

　　　　若有救，就把它来治，

　　　　若无法，莫若把它忘。

　　写此书的时候，我曾拜访过多位英国商界的头面人物，他们都给我留下了很深的印象。他们中的大多数都能够坦然接受那些不可改变的事实，从而他们的生活平和快乐。假如他们没有这样的素质，也不可能有成功的今天。

　　潘尼开创了潘尼连锁公司。他说："假如我把全部的投资赔个精光，我也不会因此而忧虑，因为我知道，忧虑不能给人带来任何益处。只要我足够努力了，至于结果如何，就不是我能左右得了的。"

　　亨利·福特也这样说过："凡是我解决不了的麻烦，就任凭它去。"

克莱斯勒公司的总裁凯勒先生在接受采访时说："对于棘手的事情，如果能够找到解决方案，我会不遗余力去做；如果找不到，就顺其自然。我从不为不能左右的事情去担忧，因为我们无法预测会发生什么事，能够影响未来走向的因素那么多，我们没有能力全面透彻地去分析它们，因此，为这些忧虑是自讨苦吃。"

世人把凯勒看作一位哲学家，他自认名不副实。他只是一个商人，但他提出的观点和 1900 年前罗马哲学家依匹托泰德的理论如出一辙。"快乐的旅途只有一条，"依匹托泰德说，"不要杞人忧天，不要为超出我们掌控能力之外的事情而忧虑。"

莎拉·班哈特算是一位女中豪杰，她很知晓如何对待那些木已成舟的事实。50 年来，她的足迹遍布四大洲，是全世界最具影响力的戏剧明星之一。她在 71 岁那年不幸受伤，她的私人医生波兹教授说，她的一条腿恐怕要保不住了。事情是这样的：

当莎拉坐船横渡大西洋时，遭遇了风暴，她被风掀起，然后摔在甲板上，重伤了大腿，同时因为静脉炎，腿部肌肉开始出现萎缩。情况很糟糕，医生确定她的腿非截肢不可。医生有些害怕地向脾气糟糕的班哈特事先透露了这个坏消息。没想到，班哈特只是注视了他一会儿，然后小声地说："如果非要这样做不可，也只能听天由命了。"

她儿子看着她被推进手术室时流泪了，但她却笑着对儿子说："别走远，我一会儿就出来了。"

进手术室时，她说了一句台词，有人问她这样做是不是在给自己壮胆，她回答说："不是，是让医生和护士们放松点，他们都有些过于紧张了。"

手术很成功，莎拉·班哈特在身体完全康复后继续做世界巡演，此后的7年间，她依然受到观众的热烈欢迎。

索希·麦克米西发表在《读者文摘》的一篇文章里这样说："当我们停止与那些难以避免的事实作无谓的对抗后，就会有更多的精力来构建新的生活。"

谁都没有足够的精力在对抗不可改变的事实的同时，还有余力建设新的生活。人们只能在二者之中选择其一，要么因抗争而折腰，要么去过一种全新的生活。

我在密苏里州的农场里栽种了许多树木，它们生长得很快，后来，密苏里州遭遇了一场风雪，这些树枝面对冰雪的重压，并没有顺从地弯下身来，而是宁折不弯，最终它们在重荷下失去了旺盛的活力。它们如果有北方树木那种性格就好了。我去过很多次加拿大，在那里看到过连绵几百英里的常青树，但没有看到过冰雪压断的松柏。因为这些常青树颇具适应力，当枝条受到重压时会弯下，不与外力对抗。

日本的柔道老师就常常这样教导学生："要柔韧如柳条，不要僵直如橡树。"

汽车轮胎为何能承受长时间奔跑颠簸？起初，工程师们设计了一种轮胎，能够抵住路面冲击力，但过了没多久，轮胎就报销了。于是他们汲取了教训，依照吸收路面冲击的原理制造出新的轮胎，轮胎才做到了经压耐用。在我们坎坷不平的人生道路上，我们也只有顺应所有的冲击和颠簸，才能在人生的旅程中游刃有余。

如果我们不能顺应局势，而把主要精力都用来与不可抗力做斗争，结果将会如何呢？答案很简单，将我们内心的精力全部消耗殆尽，并在忧虑中度过每一天。

但是，如果我们总是逃避生活的打击，让自己蜷缩在一个小世界里，最终也会导致精神分裂。

二次世界大战期间，上百万士兵的面前只有两种选择：要么接受有可能死亡的现实，为正义和荣誉而战，要么在恐惧的重压下精神分裂。

以下是一位亲历二战的士兵，在我办的纽约成人教育班上所讲的一个获奖的故事：

我参加了海岸警卫队后，被派遣到大西洋边上一个很危险的军营，担任炸药管理员。试想，我以前是一个饼干售货员，现在要当炸药管理员！一想到与我相伴的是万吨TNT炸药这件事，我就会毛骨悚然。这之前，我只受了两天的相关培训，而在我知道了TNT炸药的威力后，内心比以前更加害怕。我永远都难以忘记第一次执行任务时发生的事。

那天夜里，天气很冷而且有雾，我接到去新泽西州的卡文角码头的命令。

我负责船上的5号舱。我要带着5个码头工人一起工作。他们都十分强壮，但对于炸药的了解却近乎零。他们的工作是往船上搬运重达2000磅到4000磅的炸弹，这些炸弹威力巨大，每颗都可以轻而易举把这条货船炸成粉末。炸弹通过两条钢缆吊到船上，我心里说，我的上帝啊！要是有哪一条钢缆松动或断裂了……我不敢往下想了。我浑身发抖，甚至两腿颤软，心跳剧烈，但我不能溜走，不能做逃兵。做逃兵，不但我无脸见人，我父母也会颜面扫地，而且，我会被枪毙。当时我必须在那里坚持，看着正在工作的工人发呆，他们正运着炸弹，一点也看不出害怕。在惊恐中过了一个多小时之后，我终于恢复了理智，开始用自己掌握的知识来指挥工作。我告诉自己："不要恐惧，就算被炸死，那又如何？没有知觉，没有痛苦，比被病魔折磨死舒服多了。人都难免一死，这项工作是我的责任，不然我就面临被枪毙的危险，理智一些吧。"

这样，自我安慰了半天之后，心才渐渐平静下来。最终，我战胜了担忧和恐惧，很好地完成了任务。

这段时光让我无法忘怀。现在，每当我要为事实忧虑时，我就揶揄自己说："该干啥干啥去吧。"这很有价值，起码对于我这个饼干售货员来说，我把事情做得很好。

"面对一杯不得不喝的毒酒，不如开怀畅饮！"这句不知出自谁口但堪称名言的话从公元前 399 年至今，价值犹在，且更具警示意义。

一个人生活得快不快乐，取决于他看待人看待事的眼光。因为，只有思想才牵引着生活。

几年前，我参加了一个广播节目，组织方问了我以下问题：你人生中学到最重要的一课是什么？这很好回答，我此生中最重要的经验是：决定一个人的价值最重要的是思想。只要了解一个人的想法，也就知道了他是哪一种人。因为任何人的任何行为都来自他思想的指引，思想决定命运。爱默生有句名言说："如果你脑子里装的就是这些东西，就不可能是别的样子。"

如何运用正确的思维，就是我们此生所面对的最重要的问题，也是需要我们严肃对待的问题。假如我们如此做了，许多问题就能够迎刃而解。马可·奥勒留是罗马帝国的皇帝，也是伟大的哲学家，他总结出一句名言："思想决定生活的状态。"

如果我们的思想充满了愉快，我们就会愉快；如果我们的思想充满了悲伤，我们就会悲伤；如果充斥我们思想的全是一些可怕的景象，无疑，我们就会害怕不已；如果占据我们思想的都是美好的念头，我们的生活也一定充满阳光；如果我们的思想里都是失败的念头，做任何事情都绝对积极不起来；要是过度躲进自我怜惜，人们只有躲远你。温逊·皮尔说："你的样子并不是你的脑子决定的，但你的境况却是由你的脑子制造的。"

第四篇
展望美好生活

　　不管生活是什么样子，我们都应该用积极乐观的态度去面对，话虽如此，但事实往往并非这样简单，生活也不会让人那么轻松。我这是在激励人们，用积极的心态而不是消极的心态，去对待生活中出现的一切挑战。换句话说，我们应该以理智、积极的态度对待我们前进道路上的障碍，而不是迈着忧虑的脚步上路。